LE VACHER

ET

LE BOUVIER

LE VACHER

ET

LE BOUVIER

PAR

ERNEST MENAULT

OUVRAGE CONTENANT 23 FIGURES

PARIS

LIBRAIRIE HACHETTE ET Cⁱᵉ

79, BOULEVARD SAINT-GERMAIN, 79

1875

PRÉFACE

Il est inutile d'insister sur l'utilité de la vache dans la petite comme dans la grande culture. Il n'est par conséquent nul besoin de dire combien il importe d'avoir un bon vacher, surtout quand on constate toujours une si grande mortalité parmi les bêtes bovines.

Les mauvaises conditions hygiéniques, le manque de soins, l'alimentation mal entendue, les mauvais traitements sont encore une plaie de nos fermes, et cela parce que nous n'avons pas assez de bons vachers connaissant bien leur métier et aimant les animaux ; c'est pourquoi nous avons essayé de condenser en un petit volume les connaissances indispensables au vacher, au bouvier, comme aussi au cultivateur.

Il résume les notions éparses dans les excellents ouvrages de M. Magne sur les vaches laitières ; de M. Félix Villeroy sur les bêtes à cornes ; de M. Vial sur l'engraissement du bœuf ; de M. Sanson sur l'hygiène domestique et la zootechnie ; du docteur Kün sur l'alimentation des bêtes bovines ; de MM. Moll et Gayot, directeurs de l'Encyclopédie de l'agriculteur, etc.

Nous espérons que ce petit volume pourra trouver sa place dans les fermes-écoles, dans les bibliothèques communales et dans celle des cultivateurs.

ERNEST MENAULT.

Angerville, 6 novembre 1874.

LE VACHER ET LE BOUVIER

Le vacher.

« Dans les espèces d'animaux dont l'homme a fait ses troupeaux et où la multiplication est l'objet principal, la femelle est plus nécessaire, plus utile que le mâle : le produit de la vache est un bien qui croît et qui se renouvelle à chaque instant ; la chair du veau est une nourriture aussi abondante que saine et délicate ; le lait est l'aliment des enfants, le beurre l'assaisonnement de la plupart de nos mets, le fromage la nourriture la plus ordinaire des habitants de la campagne. Que de pauvres familles sont aujourd'hui réduites à vivre de leur vache ! »

Ce tableau de Buffon sur l'utilité de la vache nous montre assez de quels soins cette bonne bête doit être entourée ; l'importance du vacher ou de la vachère parmi les ouvriers de la ferme en ressort tout naturellement. Cette importance se révèle encore davantage, 1° si l'on considère que, parmi les vaches, il y en a de races différentes, qui vivent dans des climats où les conditions d'existence ne sont pas les mêmes ; 2° si l'on réfléchit que les unes restent une grande partie de l'année à l'étable, d'où elles ne sortent que pendant trois mois, et que d'autres, au contraire, vivent presque toujours dans les montagnes ou dans les bois, après avoir passé seulement les plus mauvais temps sans sortir.

Les différentes saisons amènent aussi des soins différents. Il y a certaines précautions à prendre contre le chaud et le froid, et des modifications à apporter dans la nourriture, selon qu'on est en été ou en hiver.

Ajoutons encore que la reproduction, l'élevage des veaux, le trayage, l'engraissement sont autant d'opérations qui exigent du vacher ou de la vachère des connaissances spéciales, qui ont la plus grande importance dans l'économie d'une ferme.

Le métier de vacher n'est donc pas aussi facile qu'on pourrait tout d'abord le supposer. Et cependant est-il une profession qui soit plus négligée ? Y a-t-il un pays où l'on rencontre moins de bons vachers que chez nous ? Tous les jours, nous voyons des jeunes garçons ou des jeunes filles se présenter dans les fermes comme vachers ou vachères, demander un gros salaire et ne savoir de leur métier qu'une pauvre routine, de laquelle leur ignorance ne peut les faire sortir. Il est vrai que, dans certains endroits, les vachers ou les vachères ont uniquement pour mission de conduire et de soigner les bêtes au pâturage et que dans d'autres, où l'on ne s'occupe que de la reproduction de l'espèce et de l'amélioration des races, le vacher est presque uniquement chargé de les faire saillir, de les préserver d'accidents pendant la gestation, avant, pendant le vêlage et les premiers jours qui le suivent.

Mais dans les fermes bien dirigées, où l'on tire tout le parti possible des vaches, soit comme rendement en lait, soit comme production de veaux et engraissement, les connaissances du vacher doivent être d'autant plus étendues que le troupeau est plus nombreux et qu'on en tire plus de produits différents.

Le métier de vacher n'est pas, comme le dit avec raison A. Leroy, un métier de paresseux ; il n'en est pas, au contraire, qui exige plus d'activité régulière et assidue. Un bon vacher doit être levé durant l'hiver deux heures avant le jour, et pendant l'été aussitôt que le jour se montre. Dès qu'il est entré dans son étable, il doit éponger et bouchonner toutes les vaches, leur laver les yeux, essuyer celles qui ont conservé sur leur peau des traces de poussière ou de terre, étriller celles qui se sont salies pendant la nuit sur la litière, donner quelques poignées de sel aux génisses, se rendre enfin, dès le matin, agréable à tous les habitants et habitantes de l'étable. C'est pourquoi, avant de songer à manger lui-même, il donnera à manger à ses bêtes. Dès le matin, il devra passer les graines

au crible, et trier dans le fourrage les chardons et
les plantes épineuses qui pourraient leur blesser la
langue et le palais. Après qu'il a fait l'étable, aussitôt
que ses bêtes ont achevé leur déjeuner, il les mène
à l'abreuvoir, mais il ne doit les conduire aux
champs que quand la rosée est entièrement dis-
sipée.

Si la vachère a des vaches trop méchantes ou
qui courent trop, elle leur mettra un taleau au cou.
Cette précaution sera bonne surtout si la vachère
les conduit le long des rues. Une fois arrivée dans
le pâturage, soit gras, soit de vaine pâture, la
vachère ne restera pas, comme il arrive trop souvent, assise dans un endroit fort éloigné des bêtes :
elle se promènera entre elles, pour les empêcher de
se battre ou de s'écarter. S'il fait très-chaud, elle
aura un rameau à la main et l'agitera doucement
autour de ses vaches pour chasser les insectes qui
les tourmentent. Si la pâture a lieu le long des chemins, la vachère recommandera aux passants de ne
point manifester de frayeur à la vue des vaches,
de ne point courir et de ne pas les menacer, ce qui
pourrait les exciter à donner des coups de corne ;
elle empêchera de s'approcher trop près des veaux,
surtout les personnes portant des cannes, para-
pluies ou autres objets. En conduisant ses bêtes aux
champs, à la montagne ou au bois, la vachère
aura soin de ne jamais presser leur marche, de ne
point leur faire sauter de fossés ni de haies.

On verra, dans la suite de cet ouvrage, l'indica-
tion détaillée des soins que doivent avoir les vachers dans les différentes circonstances où se trouvent les animaux confiés à leur direction. Mais nous
ne quitterons pas ces généralités sans recommander

tout spécialement les soins de propreté. Il est vraiment déplorable de voir l'état de saleté dans lequel on laisse trop souvent les vaches ; elles ont, la plupart du temps, les fesses couvertes d'excréments qu'on a toutes les peines du monde à enlever ; cette malpropreté nuit nécessairement aux fonctions de la peau et par suite à la santé des vaches. Quand elles sont bien tenues, leur lait est plus abondant et de meilleure qualité. Les curages fréquents de l'étable, la litière souvent renouvelée, les mangeoires nettoyées chaque fois qu'on apporte de la nourriture, les repas répétés avec des intervalles de repos pour laisser aux animaux le temps de ruminer, les vaisseaux dont on se sert toujours tenus proprement, les portes, les fenêtres habituellement ouvertes en été et garnies d'un canevas pour arrêter les mouches, voilà les principaux soins qu'exigent les vaches dans les vacheries.

Quant à la nourriture, la paille ne doit leur être donnée qu'à défaut d'autre aliment. Il importe de leur fournir du fourrage vert dès le printemps, d'en avoir en été, et le plus longtemps possible en automne, et de réserver pour l'hiver des racines, des feuilles, en un mot des aliments capables de tempérer les effets des pailles sèches.

Quand on fait servir les vaches à la charrue ou à la voiture, il faut, pour le labour, que la terre soit légère, et pour la charge, qu'elle ne soit pas trop forte. Il importe aussi d'atteler deux bêtes de même force afin de conserver l'égalité du tirage, et il faut avoir soin de ne plus les faire travailler lorsqu'elles viennent de vêler ; toujours il convient de les bien nourrir.

En général, dans nos fermes, ce sont les femmes

qui soignent les vaches ; elles sont aidées souvent par un jeune garçon, qu'on appelle improprement le porcher. Dans les grandes exploitations il y a un ou deux vachers ; ils doivent user de bons traitements envers les animaux, car s'ils les maltraitent, ils leur font contracter de mauvaises habitudes. Plus fait douceur que violence. Les mauvais traitements ne conviennent pas plus aux bêtes qu'aux gens. Il est donc très-important qu'un vacher ait un caractère doux, qu'il soit patient et qu'il aime ses animaux.

Si bon que soit un vacher ou une vachère, il faut toujours l'œil du maître. C'est le fermier qui achète les vaches, qui cultive les plantes réservées à leur alimentation : c'est à lui aussi de prescrire la quantité des aliments, de veiller sur la bonne tenue des étables, sur la santé des bêtes ; c'est à lui, enfin, de savoir quand il faut renouveler le troupeau, et de donner des ordres pour que le service des étables et la conduite au pâturage se fassent exactement et convenablement.

Races bovines françaises.

Le métier du vacher a pour objet le développement et l'entretien d'animaux dont les races varient avec les différentes régions, dont la constitution varie aussi avec le climat et le genre d'alimentation. Il lui importe donc d'avoir des notions générales sur les différentes races françaises et étrangères qui peuplent nos départements.

Ces races se distinguent d'abord par la couleur.

Les unes ont le *pelage fauve ou blaireau*. — On

les rencontre dans la partie sud du Cantal, l'Aveyron, la Lozère, le Tarn, l'Hérault, la Camargue ; dans les Bouches-du-Rhône, l'Aude, les Pyrénées-Orientales, l'Ariége, la Haute-Garonne, la plus grande partie du Gers ; jusque dans les Landes et la Gironde.

Leur robe présente un fond gris ou noirâtre mélangé de roux ; cette seconde nuance apparaît principalement au cou, sur le dos, à l'intérieur des oreilles et autour des yeux ; on voit du gris presque blanc près du museau, sous le ventre, près de la naissance de la queue et à l'intérieur des cuisses.

D'autres races ont le *pelage bai clair ou froment avec nuance très-claire autour du museau et des yeux ainsi qu'aux extrémités.* — Les animaux de ce pelage se trouvent : 1° dans le Midi, le Sud-Ouest, l'Ouest et le Centre ; 2° le Sud-Est, l'Est et le Nord.

Pelage blanc, café au lait et jaune clair. — Ces trois robes, qui passent souvent de l'une à l'autre par nuances insensibles, caractérisent le bétail de la Nièvre, de l'Allier, de Saône-et-Loire, d'une partie de la Côte-d'Or, de l'Yonne et du Cher.

Pelage rouge acajou. — Cette robe caractérise deux races remarquables, la flamande et celle de Salers-Auvergne.

Pelage noir. — Cette robe est celle de la race vosgienne, qui peuple la chaîne des Vosges et se trouve aussi sur plusieurs points de la Lorraine et de la Champagne, notamment près de Bar-le-Duc et de Sainte-Menehould. La tête est souvent tachetée de blanc.

Pelage bigarré de noir et de blanc ou de rouge et de blanc. — C'est dans les plus hautes montagnes de la Franche-Comté qu'on trouvait autrefois des animaux de ce pelage.

Pelage bringé. — On appelle bringé un poil bai clair ou foncé, sillonné verticalement de raies noirâtres. Ce pelage caractérise la grande variété normande du Cotentin, qui peuple la Manche, le Calvados, l'Orne, l'Eure, la Seine-Inférieure, et fournit, comme nous le verrons, un grand nombre de vaches aux environs de Paris.

Les différentes races bovines ont aussi été classées, suivant leurs aptitudes, en races laitières, races travailleuses et races de boucherie.

Les *races laitières* françaises sont : la race flamande, la race normande cotentine, la race bretonne, la bressane, la fémeline, la tourache ; celle de Salers, celle du Puy-de-Dôme ; les races de Saint-Girons, de Lourdes, de la Gironde.

Les races laitières étrangères sont : la race hollandaise, la race danoise, la race suisse de Schwitz, la race de Fribourg, la race écossaise d'Ayr.

Les *races travailleuses* sont : les races mancelle, vendéenne, auvergnate, garonnaise, gasconne, navarrine, bazadaise, de la Camargue et du Morvan.

Les *races de boucherie* sont : la race charollaise et une race étrangère, la race Durham.

Caractères typiques des races.

Tous les signes que nous venons de donner pour distinguer les races sont variables, et c'est ce qui a été une source de confusion dans le grand nombre de races qu'on a créées presque partout. M. Sanson a divisé toutes les races bovines en deux catégories : les Brachycéphales et les Dolichocéphales.

Les *Brachycéphales* sont les animaux de l'espèce bovine à front large, qui ont les deux diamètres du crâne, longitudinal et transversal, sensiblement égaux. On les reconnaît immédiatement à la largeur de leur front et à l'éloignement de leurs yeux.

Les *Dolichocéphales* sont les animaux à front étroit : ils ont le diamètre longitudinal du crâne plus grand que le diamètre transversal. Quelle que soit la forme de la face, ils ont le front relativement étroit et les yeux plus rapprochés que les animaux à front large.

Parmi les Dolichocéphales, on range les races étrangères suivantes : Durham, Hereford, Devon, d'Angus, d'Ayr, de Schwitz et hollando-flamande ; et les races françaises : charollaise, garonnaise, gasconne et ariégeoise, camargue, normande et d'Algérie.

Parmi les Brachycéphales : race étrangère de West Highland ; races françaises : vendéenne, auvergnate, bazadaise, morvandelle, bretonne, béarnaise, jurassienne.

Races bovines étrangères.

Lés races étrangères les plus répandues en France sont :

La *race hollandaise,* dont la robe est généralement bigarrée de noir et de blanc ; tête longue et fine ; cornes petites, tournées en avant ; peau fine et souple ; cou mince, os fins, taille grande ou moyenne ; facultés laitières très-prononcées, lait rendant peu de beurre.

On la trouve surtout dans nos départements du Nord.

Race de Durham. — Voici l'origine de cette race. Il paraît qu'à l'occasion du mariage de sa fille avec Guillaume de Hollande, Jacques II d'Angleterre envoya à ce prince plusieurs vaches d'une race appelée *courtes-cornes* qui déjà peuplait le comté de Durham. Des animaux issus de ceux-là, ramenés en Angleterre un siècle plus tard, seraient d'après David Low la souche de la race Durham actuelle, race qui l'emporte sur toute autre pour la précocité et l'aptitude à l'engraissement.

Les premiers reproducteurs Durham furent importés en France vers 1825 par M. Brière d'Hazy. En 1836, le gouvernement en acheta et en fit élever dans les vacheries publiques. Cette race présente au plus haut degré la constitution et les qualités d'une race de boucherie : muscles mous et très-développés; poitrine très-large; côtes arrondies, quartiers de derrière énormes, os très-fins, cou très-court, tête petite et cependant front large, jambes courtes; croissance précoce; poil mêlé de rouge et de blanc par taches peu tranchées, poil quelquefois tout à fait rouge ou blanc. La plupart de ces vaches sont peu laitières.

Race suisse de Schwitz. — C'est une race que les bénédictins se sont appliqués à perfectionner dans leur célèbre abbaye d'Einsiedeln en Suisse et que le fondateur de Grignon, M. Bella, a propagée en France à partir de 1827. Voici ses principaux caractères : crâne très-dolichocéphale, mufle large, lèvres épaisses, fanon très-développé sous la gorge. Chez le mâle, oreille large, épaisse et très-velue, mais toujours à pointe peu effilée, dirigée en avant et en bas chez le mâle, relevée chez la vache, œil

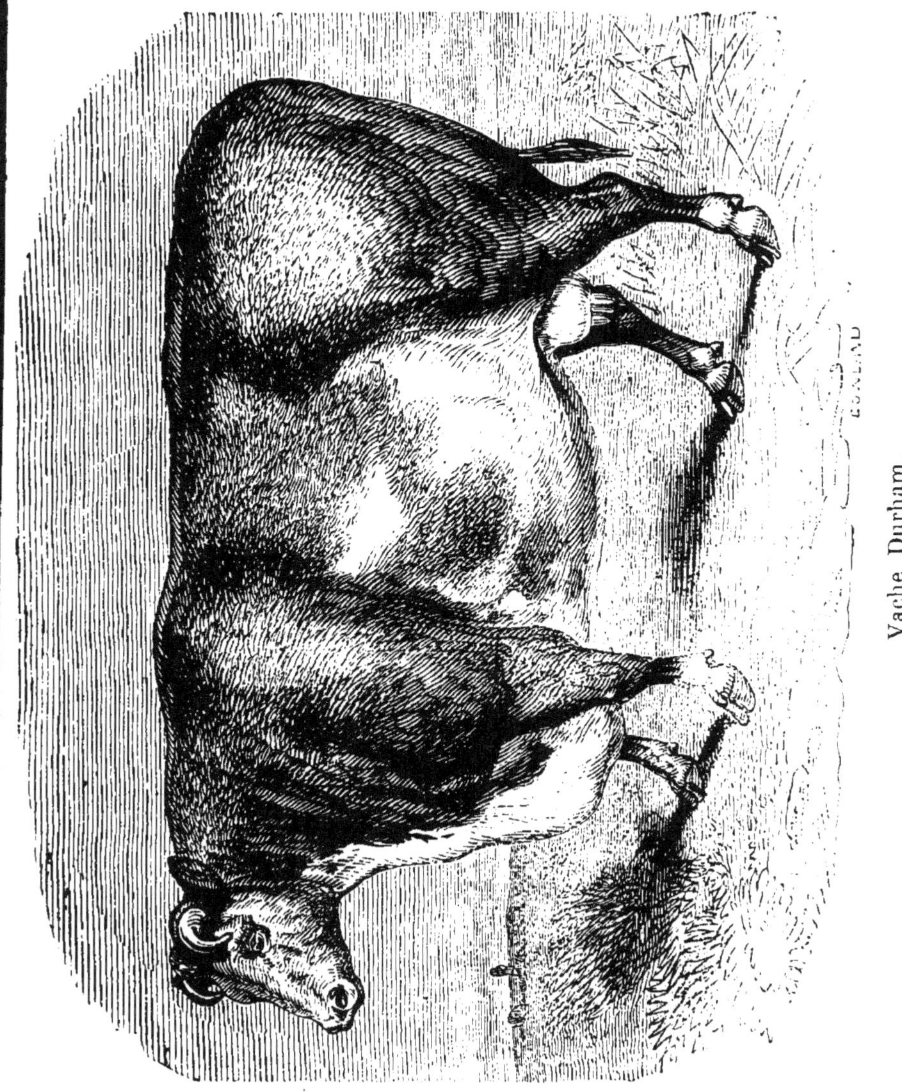

Vache Durham.

petit, physionomie douce, pelage fauve ou brun très-
foncé, avec une raie de nuance claire le long de l'é-

pine dorsale. Taille variable, mais toujours au-dessus

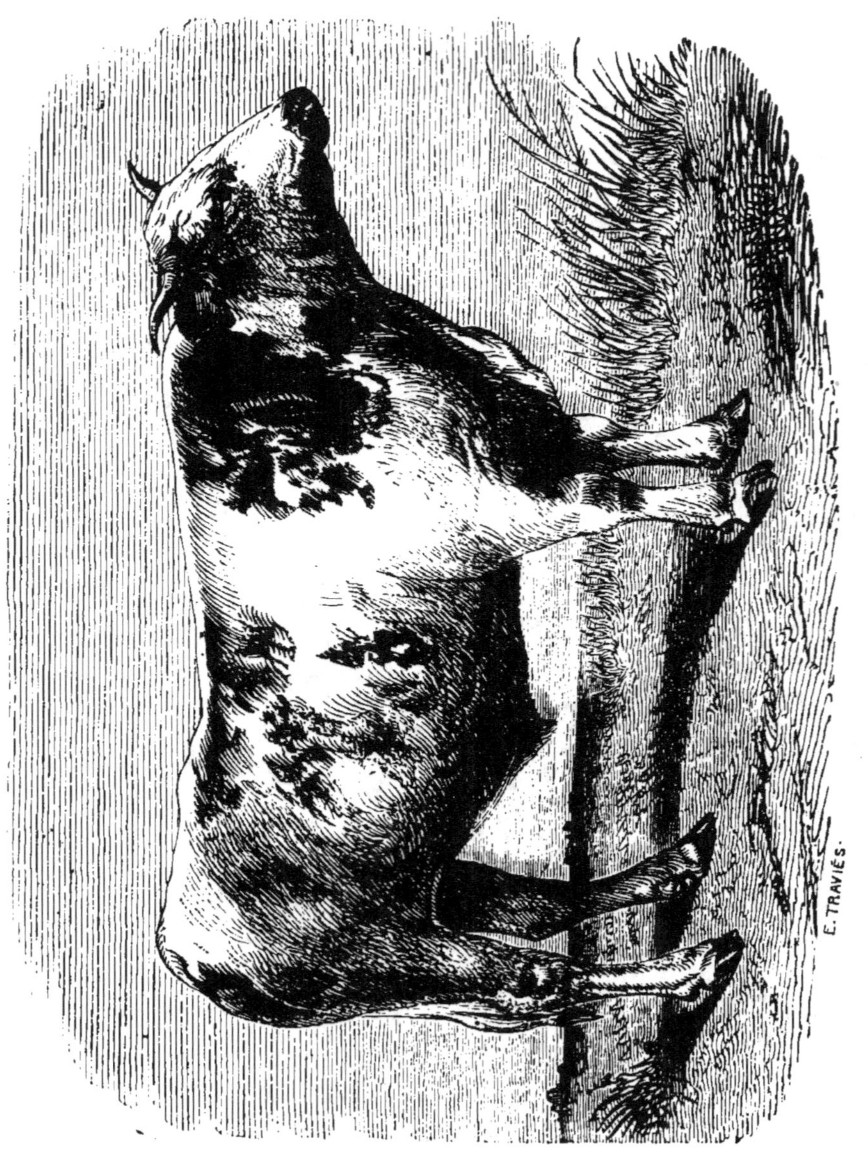

Bœuf de Fribourg.

de la moyenne. Aptitudes diversement prononcées ;

vaches essentiellement laitières. — Il y a encore en Suisse la race de Fribourg ; elle est de couleur pie-marron ou pie-noir ; elle a le fanon moins tombant, les membres plus courts, le poil plus fin. Elle est moins laitière.

Race d'Ayr. — Race écossaise, introduite en France en 1850. Sa conformation est excellente ; sa robe est rouge plus ou moins mélangé de blanc. Son aptitude à vivre sur les terres de moyenne fertilité, la quantité de lait qu'elle fournit et la facilité avec laquelle elle se développe et s'engraisse, la font regarder comme une race précieuse. Nulle autre qu'elle, dit M. Heuzé, ne mérite mieux d'être propagée dans les contrées de la région de l'Ouest, où les fourrages sont encore peu abondants, où la culture pastorale mixte est nécessaire. Elle est déjà répandue en Bretagne sur divers points ; on l'a croisée très-heureusement avec la race bretonne et la race léonaise.

Des différentes races bovines dans les régions agricoles de la France.

Région de l'Ouest ou région des landes et des bruyères. — Elle compte dix départements : Vendée, Loire-Inférieure, Côtes-du-Nord, Ille-et-Vilaine, Mayenne, Morbihan, Finistère, Maine-et-Loire, Deux-Sèvres et Vienne. Elle comprenait jadis la Bretagne, le Maine, le Saumurois et le Poitou.

Les races bovines qu'on y rencontre sont nombreuses ; M. Heuzé est d'avis qu'il faut les réduire à huit ; c'est encore trop, car il n'y a guère que les vaches bretonnes et vendéennes dont la race soit réellement bien établie.

1° La *race bretonne* habite le centre de la Bretagne, et surtout les environs de Ploërmel, Vannes et Pontivy, où les terres sont généralement granitiques, schisteuses et très-peu fertiles. C'est la plus petite de toutes les races françaises. Les vaches appelées vaches morbihannaises ou vannetaises

Taureau breton.

caractérisent parfaitement cette race brachycéphale : la tête est petite, fine, sèche et bien détachée; l'œil vif, la côte ronde, le mufle et les extrémités noirs, les cornes fines et blanchâtres, arquées en avant et relevées vers la pointe, les os fins, les pieds petits mais secs, l'allure vive et aisée; un poil fin, court et lisse, une peau souple, mince, le fanon très-peu développé chez le mâle et nul chez la femelle. Cette vache est bonne laitière eu égard aux aliments qu'elle consomme; elle est surtout bonne beurrière et très-apte au travail, mais elle s'engraisse avec lenteur.

Transportée dans des pays où les fourrages sont abondants, elle se développe beaucoup. Les beaux bœufs à pelage noir et blanc qu'on rencontre depuis Quimper jusqu'aux montagnes d'Arée appartiennent à la race bretonne.

Le mode d'élevage communément usité dans le Morbihan est assez curieux. M. Bellamy l'a étudié sur place et en voici la description, reproduite par M. Sanson.

Les éleveurs envoient leurs vaches au taureau qui est le plus à leur proximité, sans se préoccuper d'autre chose dans le choix que du pelage pie-noir.

Les vaches pleines ne sont l'objet d'aucun soin particulier, elles vont paître dans la lande, les chaumes ou les prés fauchés, avec le reste du troupeau, ne rentrant à l'étable que pendant la nuit et à l'heure de la traite. Celles qui donnent du lait jusqu'à la mise-bas, et c'est le plus grand nombre, n'ont pas un seul instant de répit. En hiver, pendant la traite du matin, avant qu'elles partent pour la lande, elles reçoivent un peu de paille de froment, d'avoine ou de millet ; c'est seulement dans les exploitations en progrès qu'on leur distribue en outre deux litres environ de pommes de terre ou de courges mêlées de son et délayées avec de l'eau.

Le plus souvent le vêlage a lieu dans la lande ; la vache vêlée est alors rentrée à l'étable pour y recevoir un peu de son mouillé d'eau tiède et une petite ration de foin ; le lendemain elle retourne à la lande avec une petite couverture de toile, qu'elle garde durant quelques jours. En été, le veau n'est pas nourri par sa mère au delà de quinze jours ou trois semaines, rarement un mois ; passé ce délai, il reçoit seulement un peu de lait étendu d'eau tiède et quelques brins d'herbe ; en hiver, on y ajoute du son et des plantes desséchées, puis du lait caillé mélangé avec du son et de l'eau ; et dès qu'il le peut, le veau va chercher dans la lande, avec le reste du troupeau, le surplus de sa nourriture ; aussi, depuis le sevrage jusqu'à l'âge d'un an ou de dix-huit mois, les jeunes animaux sont-ils bien chétifs.

2° La *race rennoise* est plus basse sur jambes, sa tête est forte et longue, sa poitrine est ouverte et assez profonde, son corps est un peu ramassé, sa croupe très-développée, sa peau est souple et son poil fin et court. Cette race a une robe rouge froment avec de larges taches blanches ; elle est meilleure laitière que la race bretonne. Importée du Poitou dans les environs de Rennes, elle a subi l'influence de taureaux normands ; c'est pourquoi l'on rencontre dans l'Ille-et-Vilaine des vaches qui ont une robe bringée.

3° La *race léonaise* a un ensemble plus agréable que la précédente. Sa taille est plus élevée. Son mufle est souvent lavé de rose, sa tête est bien faite, ses membres sont fins et bien proportionnés ; sa peau souple et mince. Sa robe est rouge et blanche et quelquefois rouan clair ou rouge clair. Encolure grêle, poitrine étroite, hanches peu écartées, queue attachée trop haut.

Cette race est répandue depuis Saint-Brieuc jusqu'à Brest.

4° La *race mancelle* est répandue dans le département de la Mayenne et dans la partie septentrionale du département de Maine-et-Loire. Pour ceux qui l'admettent, elle serait une sorte de com-

posé des races normande, bretonne et vendéenne.
Ses caractères physiques ne sont pas très-précis. Elle
a une taille assez élevée, la tête courte et grosse ; ses
cornes sont bien faites et d'un blanc jaunâtre ou
verdâtre, son poitrail est assez large, son corps est
allongé, sa queue souvent attachée trop haut.

Lorsqu'elle est pure, cette race a le mufle rosé et
bien marqué de blanc, les yeux doux et cerclés de
rose et une robe rouge clair uniforme, ou rouge-
blond maculé, ou diapré de blanc. Son plus grand
avantage est de pouvoir être engraissée vers cinq
ans. Elle fait bien au pâturage : aussi est-elle estimée des Normands.

5° La *race parthenaise* est répandue dans les
arrondissements de Bressuire, Parthenay, Cholet. Sa
tête est courte, ses cornes sont belles, blanchâtres
à leur base et noires à leur sommet ; ses cils, son
museau et toutes ses extrémités sont noirs ; son corps
est développé et descendu ; ses membres sont forts,
sa peau souple et son poil soyeux. Vive et rustique,
elle a une robe jaune clair ou jaune brunâtre ; c'est
elle qui fournit les bœufs gâtineaux, bœufs chole-
tais ou bœufs vendéens.

La race parthenaise est très-bonne pour le travail ;
elle est précoce et s'engraisse assez facilement à
l'étable ; elle fournit une viande excellente et du suif
abondant et de bonne qualité.

La *race vendéenne* est spécialisée pour le travail et la boucherie. Originaire des contrées qui avoisinent l'embouchure de la Loire et principalement
des marais de la Vendée, elle a remonté vers la
Haute-Loire et s'est répandue jusque sur les hauteurs
qui séparent le bassin de la Loire de celui de la Garonne et qui forment les départements de la Lozère

et de l'Aveyron. Les colonies émigrantes, tout en conservant le type primordial, ont vu leurs caractères secondaires se modifier, ce qui a permis aux habitants des contrées occupées de leur donner le nom du pays et de prétendre qu'elles en sont originaires. C'est ainsi que plusieurs populations bovines, considérées à tort comme formant des races distinctes, ne sont en réalité que des tribus de la race vendéenne. Les prétendues races parthenaise, choletaise, nantaise, maraîchine, marchoise, d'Antrac, d'Angles, de Lacaune, de Mezenc ont toutes une origine commune : elles sont toutes issues de la souche vendéenne et présentent les mêmes caractères typiques : toutes sont brachycéphales.

En Gâtine, dans le Bocage vendéen, les élèves naissent. A la fin de leur première année, ils sont vendus aux agriculteurs qui ont à exploiter une étendue de terre assez considérable pour produire en prairies ou en pâtures plus de nourriture qu'il n'en faut pour entretenir les animaux de travail. Ces jeunes bœufs, à la fois animaux de croît et de travail, sont l'objet de soins attentifs de la part du cultivateur, qui sait qu'au jour de la vente, à la saison nouvelle, son bénéfice sera en raison de l'attention qu'il aura mise à les soigner. De ses mains ils passent successivement dans celles d'autres cultivateurs, qui les emploient aux travaux de la culture jusqu'à ce que l'engraisseur s'en empare pour les emmener, soit sur la rive droite de la Sèvre, entre cette rivière et la Loire, où ils sont confinés dans des étables obscures. Devenus gras, ils sont vendus au marché de Cholet, puis dirigés sur Paris pour le commerce de la boucherie.

6° La *race maraîchine* se trouve dans les marais de la Vendée. D'une taille élevée, de formes peu

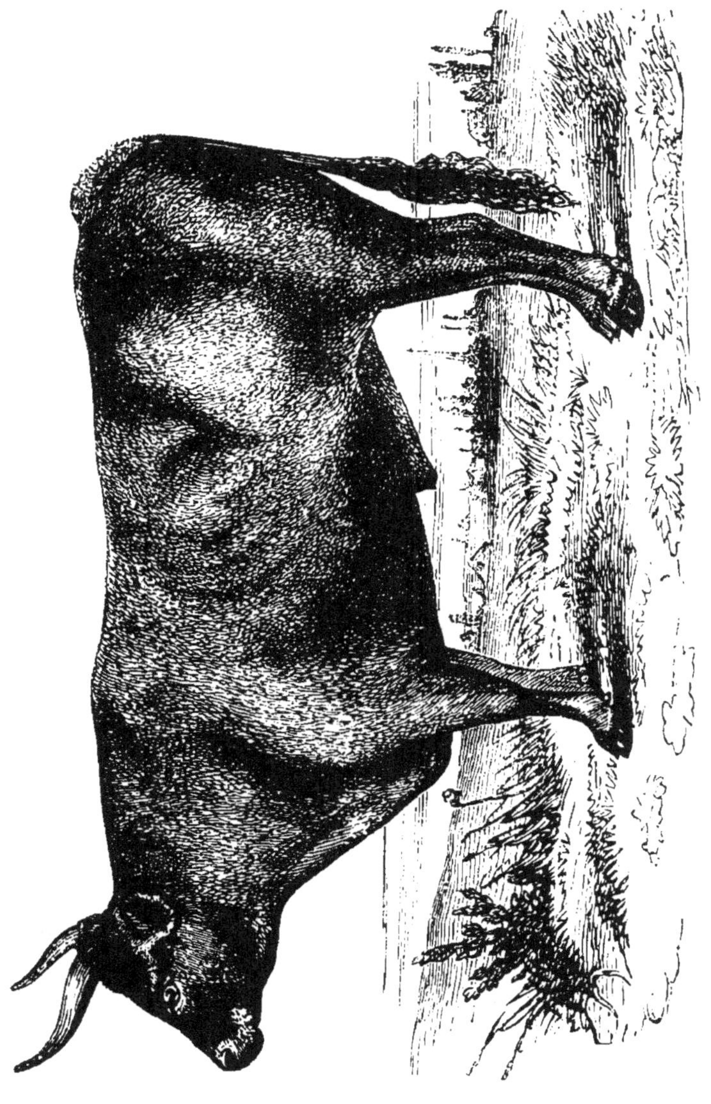

Bœuf parthenais.

symétriques, elle est ornée de cornes longues très-
ouvertes et tournées en arrière, sa robe est froment

clair ou alezan lavé de blanc. Elle est brachycéphale. Elle a le mufle élargi, la bouche grande,
les lèvres épaisses, la joue petite, l'oreille large,
épaisse, plantée haut, relevée en arrière et velue à
l'extérieur. Le mufle et le bord des paupières sont
noirs, entourés d'une sorte d'auréole de poils blanc
argentin. Elle est très-rustique. Les vaches sont
assez bonnes laitières, mais les bœufs sont de mauvais animaux de travail.

7° *Race Durham.* — Cette race anglaise est aujourd'hui très-répandue, surtout dans le Maine et
l'Anjou.

L'éducation de l'espèce bovine n'est pas encore partout bien comprise dans la région de l'Ouest. Dans les
contrées pauvres où les ressources fourragères font
défaut, les vaches sont mal nourries pendant l'hiver,
et souvent elles vont à la lande vingt-quatre heures
après qu'elles ont vêlé. En outre, elles vivent couvertes de bouse et de poussière dans des étables
basses et mal aérées.

Les jeunes animaux sont mal nourris. Le vacher
comme le cultivateur ont encore beaucoup à faire
pour comprendre tout l'avantage qu'on a à nourrir
abondamment dans le jeune âge : c'est ainsi qu'on
accroît la précocité et la valeur des animaux.

RÉGION DU SUD-OUEST. — Elle comprend les départements suivants : Ariége, Haute-Garonne, Hautes-
Pyrénées, Basses Pyrénées, Landes, Gers, Gironde,
Charente, Charente-Inférieure, Dordogne, Lot, Lot-
et-Garonne, Tarn, Tarn-et-Garonne.

On compte aussi dans cette région un grand
nombre de races bovines, que M. Heuzé réduit à
six, et qui ne sont pas aussi distinctes les unes des
autres qu'il le prétend.

1º La *race d'Aubrac* appartient à la région des montagnes du Centre, mais elle a produit une sorte de sous-race, à laquelle on a donné, il y a peu de temps, le nom de race d'Anglès. Cette race réside dans les environs de Lacaune, Anglès, Brassac, Vabre et Castres (Tarn.) On lui a donné aussi le nom de race tarnaise, race de Lacaune. Elle a les os petits, les cornes courtes et bien contournées, la poitrine ample, le ventre développé, mais on lui reproche avec raison la faiblesse de son train postérieur. Son poil est gris blaireau.

2º La *race carolaise* ou *race de Cerdagne* est répandue dans les cantons de Quérigut, d'Ax et de Saverdun (Ariége); elle est rustique et a des allures assez vives ; elle est excellente pour le travail, mais mauvaise laitière.

Dans le sud-ouest du département, aux environs de Tarascon, Saint-Girons et surtout de Cintegabelle, on rencontre une sous-race à laquelle on a donné les noms de *race ariégeoise, race saint-gironnaise, race tarasconne.* Celle-ci a pour origine des taureaux espagnols, introduits il y a un siècle par M. de Saint-Sauveur, intendant-général du Roussillon. Elle se distingue de la race carolaise par sa robe gris-châtain foncé, d'une nuance presque uniforme. Ses principaux avantages sont d'avoir un pas allongé, une grande aptitude à supporter la chaleur, de mieux résister à la fatigue et à une mauvaise alimentation et d'être enfin meilleure laitière. On confond souvent cette race avec la race gasconne.

Les bœufs appartenant à la race ariégeoise s'affaiblissent rarement à la suite du bistournage. La monte a lieu dans les pâturages des montagnes, où les vaches et les jeunes animaux vivent une partie de l'année.

3° La *race gasconne* offre une telle ressemblance avec la race suisse qu'elle paraît en être issue ; de même aussi ce qu'on a appelé race ariégeoise n'est que la race gasconne. Cette race est dolichocéphale : mufle large, lèvres épaisses, bouche grande, fanon très-prononcé sous la gorge, oreille large, épaisse, très-velue, cornes courtes et épaisses, à pointe non effilée, toujours dirigée en avant et en bas chez le mâle, le plus souvent relevée chez la femelle ; physionomie fière ; mufle noir, ainsi que l'extrémité libre des cornes ; pelage fauve ou blaireau mêlé de brun très-foncé, le plus souvent à la tête, à l'encolure et aux membres. La nuance générale de la robe est toujours plus claire le long du dos. Le fond des bourses et le pourtour de l'anus sont ordinairement noirs. Les deux particularités appelées, la première, *cupule*, la seconde, *cocarde*, par les éleveurs gascons, sont considérées par eux comme des indices d'une pureté absolue dans la race et sont fort recherchées pour ce motif. Cette race est répandue dans les départements de la Haute-Garonne et du Gers. Croisée avec la race garonnaise ou la race agénoise, elle a acquis des formes plus régulières. Ainsi sa tête a perdu de son volume, ses côtes se sont arrondies, son garrot s'est élargi, son train postérieur s'est développé, et sa robe, qui était, en grande partie, noire ou brune avec une raie fauve sur le dos, a pris une nuance moins sombre.

La race gasconne est excellente pour le travail, mais les vaches donnent généralement peu de lait. Très-certainement, avec le temps, on parviendra à

lui faire perdre les défauts qu'elle possède encore,
et qui ne permettent pas de la placer à côté de la race
garonnaise.

4° La *race garonnaise*. — C'est sur les alluvions

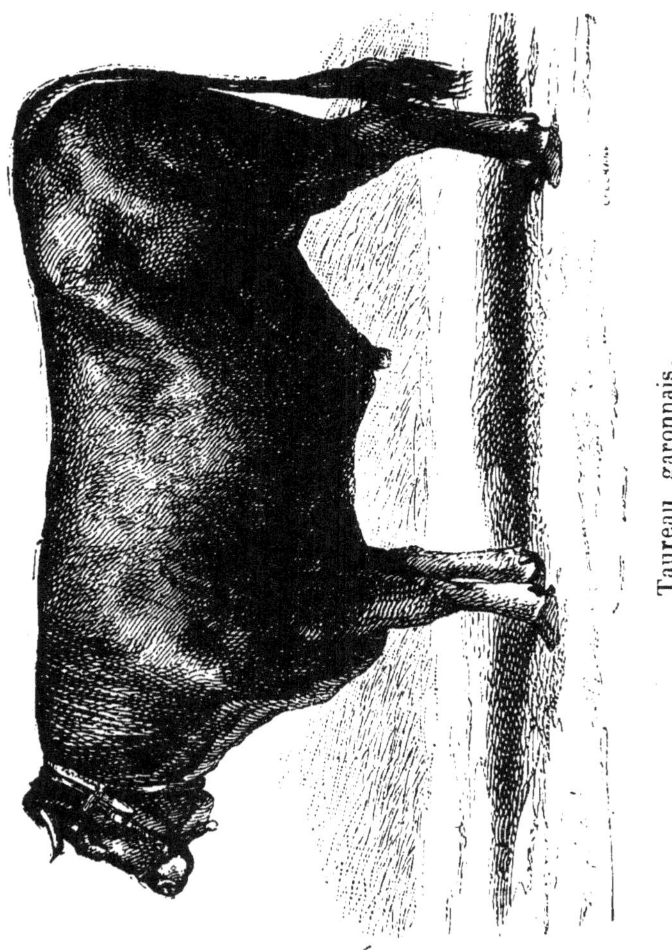

Taureau garonnais.

très-fertiles des rives de la basse Garonne, depuis
Agen jusqu'à Bordeaux, que s'est montrée spécialement la race garonnaise, à laquelle se rattachent les

races agénaise, néracaise, limousine, saintongeoise. Toutes sont dolichocéphales : tête relativement forte, mufle large, bouche grande, fanon pendant sous la gorge, joue petite, oreille large implantée bas ; cornes grosses, aplaties, dont la pointe est plus souvent dirigée en bas, quelquefois même longeant d'un côté ou de l'autre la face de si près en arrière de l'œil, que l'amputation en est nécessaire pour que l'œil ne soit pas compromis ; physionomie douce et placide. — Les caractères secondaires sont : mufle et bord libre des paupières d'un rose pâle ; cornes entièrement blanches, pelage de couleur froment, d'une nuance plus claire autour des yeux.

Cette race est très-répandue dans les départements du Lot, de Lot-et-Garonne, de Tarn-et-Garonne, du Gers et de la Gironde ; elle a été bien améliorée depuis 10 à 15 années ; sa taille et ses os ont diminué de volume, ses aplombs sont meilleurs, son corps est plus cylindrique et elle a beaucoup gagné en précocité. On lui reproche d'avoir les pieds mous.

Cette race a donné naissance à deux sous-races : la race agénoise et la race bazadaise.

La *race agénoise* existe dans toute sa pureté sur les coteaux de l'Agénois ; elle a des formes belles et régulières ; sa robe est froment clair. Si les vaches donnent peu de lait, si les bœufs supportent difficilement de rudes fatigues, en général les unes et les autres s'engraissent avec facilité.

Race bazadaise. — M. Sanson s'est demandé si le groupe de familles bovines établies dans les environs de la petite ville de Bazas, département de la Gironde, vers l'extrémité sud des collines du Bordelais, appartient à un type de race distincte de

ceux qui l'entourent, c'est-à-dire des types garonnais, gascon et béarnais.

M. Sanson en doute ; en effet, la certitude n'est
pas encore acquise sur ce point.

Voici les caractères typiques de cette race : brachycéphale, mufle étroit, bouche petite, fanon peu
prononcé, œil vif, oreille basse, épaisse ; cornes

Vache bazadaise.

grosses, moyennement longues, à pointes le plus
souvent dirigées en avant et en bas ; physionomie
douce et fière à la fois. — Caractères secondaires :
mufle et paupières rosés, de nuance un peu foncée,
taille moyenne, pelage uniformément brun, char-
bonné sur tout le corps, plus clair seulement autour des yeux et du mufle.

Ces vaches, qui ont une aptitude très-prononcée pour le travail, sont de faibles laitières ;

elles sont répandues dans les déparments de la Gironde, des Landes, du Gers et de Lot-et-Garonne.

5° *Race béarnaise*. — Il convient d'adopter cette désignation pour le type auquel se rattache tout le bétail des vallées pyrénéennes d'Aspe, d'Ossau, d'Argelès, de Barétous et du bassin de l'Adour, for-

Vache béarnaise.

mant l'ancien royaume de Navarre, dans le pays basque.

La race béarnaise peut donc servir à désigner la population bovine des Pyrénées et des plaines qui les continuent vers le littoral en descendant du côté des landes de Gascogne; elle embrasse les prétendues races tarbaise, basquaise, barétoune, aspoise, de Lourdes, landaise et carolaise.

Toutes sont brachycéphales : elles ont le mufle étroit, la lèvre supérieure épaisse et pendante; le fanon très-prononcé sous la gorge; les oreilles petites et droites, implantées haut ; les cornes allongées, effilées et arrondies en arc de cercle, la pointe en haut et la physionomie fière. La vache béarnaise est de taille moyenne, son pelage est rouge-brun plus ou moins clair ; elle est sobre, rustique et excellente pour le travail.

Cette belle race a donné naissance à quatre sous-races : la *race lourdaise*, très-laitière ; la *race barétoune* ou *de Barétous*, de belle conformation et propre au travail ; la *race landaise*, répandue sur les rives de l'Adour : petite, sobre, agile, nerveuse, élégante ; la *race basquaise*, à cornes moins développées, de formes plus lourdes, et s'engraissant assez facilement.

6° La *race maraîchine* habite les marais de Rochefort, Marennes et la Rochelle ; son pelage est gris-blanc. Les vaches sont assez bonnes laitières, mais les bœufs sont difficiles à engraisser.

En général, dans ces contrées le bétail est bien soigné, les bouviers ne frappent jamais les animaux qu'on leur confie ; c'est à l'aide de la voix qu'ils les excitent à marcher. Pendant l'été on les couvre d'une toile pour les garantir des insectes, et souvent durant l'hiver on les protége avec une couverture de laine contre les intempéries.

M. Heuzé a constaté que l'élevage de la race bovine est aujourd'hui mieux entendu dans la région qu'il y a vingt ans ; malheureusement, dit-il, on ne choisit pas partout très-sévèrement les reproducteurs, et souvent aussi les accouplements ne sont pas suffisamment surveillés.

Dans les Pyrénées, les vaches, les génisses, les bouvillons vivent pendant la belle saison en troupes de 500, 1000 et quelquefois 1500 têtes. Ces animaux appartiennent à plusieurs communes, et sont confiés à la garde de deux ou trois vachers. L'hiver, on les cantonne dans les vallées ou les plaines, et on les nourrit avec du foin et de la paille de maïs ou de millet ; ils reçoivent rarement des racines.

Dans le département des Landes, les vaches, et surtout les bœufs, sont nourris par *bouchées* ou par petites poignées. L'homme qui est chargé de les nourrir de cette manière est connu sous le nom d'*emboyeur*. Les animaux qu'on alimente ainsi ont leurs têtes fixées à l'aide d'un volet mobile dans une ouverture appelée *arieste*, ou bien on les réunit deux à deux sous un joug attaché à un poteau.

Région du Sud. — Elle comprend les départements suivants : Pyrénées-Orientales, Aude, Hérault, Ardèche, Drôme, Vaucluse, Basses-Alpes, Bouches-du-Rhône, Var, Alpes-Maritimes.

Les bêtes bovines ou bêtes aumailles de cette région ne sont répandues que dans les parties montagneuses des Cévennes, du Dauphiné et de la Provence.

1° *Race camargue.* — Cette race est la plus curieuse de cette région.

Voici ses caractères typiques : elle est dolichocéphale ; mufle étroit, bouche petite, absence complète de fanon sous la gorge, oreilles minces et mobiles, œil vif, gros et saillant, physionomie sauvage ; mufle et paupières noirs, cornes noires, taille petite. Les animaux de cette race sont réguliers dans leurs formes, robustes, vifs, sobres, mais ils sont difficiles à dresser et à conduire. Leur robe est noir de jais ou rouge-noir ; leur peau est tellement épaisse qu'ils sont insensibles aux piqûres des plus gros insectes.

Les animaux de cette race qui vivent libres, mais en troupes (nomades), dans les lagunes du Rhône, sont gardés par des pâtres à cheval (*gardians*), qui ne parviennent à les saisir qu'en bravant de grands dangers. Il faut, pour réussir, de l'adresse et du courage. Le caractère sauvage de ces bœufs les rend plus propres à figurer dans les courses de taureaux, aux foires d'Arles, qu'à être employés aux travaux agricoles. Quand la saison est trop rigoureuse, on leur distribue du foin.

Les vaches forment des troupeaux séparés. En hiver, durant les grands froids ou les temps de neige, les animaux sont conduits dans le *buau*, sorte de parc formé de pieux et de fagots, où ils reçoivent un peu de foin.

Les jeunes veaux (*vedels*) sont, après leur naissance, conduits sur des terrains secs (*aigues*) au bord du marais et attachés à des piquets. Les vaches viennent d'elles-mêmes les allaiter, puis elles retournent dans les savanes pour disparaître au milieu des vagues, des roselières. Un tel mode d'élevage n'est guère susceptible d'amélioration.

Ces faits expliquent pourquoi on désigne ordinairement les bœufs qui appartiennent à cette race sous le nom de *bœufs sauvages*. Malgré leur force, ces animaux ne pouvant pas toujours se désaltérer pendant les fortes chaleurs de l'été, sont exposés à des dyssenteries épizootiques et à des maladies charbonneuses.

2° *Race du Mezenc.* — Elle se trouve dans les montagnes du Vivarais. Elle fournit de bonnes vaches laitières ; les bœufs sont assez bien conformés et excellents pour le travail. Ces animaux sont assez répandus dans les plaines du Dauphiné.

3° *Race maure*. — La race que l'on nomme *race maure* dans les parties accidentées du département du Gard, provient d'un croisement opéré entre la race d'Aubrac et la race de Mezenc. Les vaches sont assez bonnes laitières.

4° La *race de Cerdagne* occupe la partie supérieure du Roussillon. Sa tête est courte et un peu busquée, son dos ensellé, sa côte un peu relevée, ses hanches larges, sa queue attachée très-haut. Sa robe est d'un brun plus ou moins foncé, avec une ligne blanchâtre sur l'épine dorsale. Malgré ses défauts de conformation, cette race a des qualités remarquables ; elle est rustique, légère et bonne pour le travail, mais elle s'engraisse avec lenteur.

5° La *race des Montagnes Noires* est rustique, sobre, petite et excellente pour le travail, mais sa conformation laisse beaucoup à désirer, parce qu'elle est très-mal nourrie dans son jeune âge ; ainsi son train postérieur est d'une faiblesse hors de toute proportion avec la partie antérieure. Il semble qu'elle descende de la race d'Aubrac. Son museau et son encolure sont noirs ; l'extrémité de sa queue et les bouts de ses cornes sont aussi de la même couleur. Les vaches donnent beaucoup de lait relativement à leur taille et à la nourriture qu'elles reçoivent.

Région de l'Est. — Haute-Saône, Côte-d'Or, Doubs, Saône-et-Loire, Jura, Haute-Savoie, Savoie, Isère, Hautes-Alpes.

Les races sont assez diverses dans cette région et leurs conditions d'existence offrent également certaines différences.

Le département des Hautes-Alpes est pauvre en animaux de rente ; il n'a pas de races à proprement parler. Les vaches sont à peu près inconnues dans le midi du département; elles y sont remplacées par des chèvres pour les besoins du ménage. Les veaux, à part quelques femelles qu'on élève, sont transportés très-jeunes en Provence pour la boucherie.

1° *Race tarentaise*. — Il existe en Savoie une race ancienne, c'est la race tarentaise; ses qualités laitières, son aptitude au travail et sa rusticité lui assignent une place importante dans les races françaises pures. Elle se distingue par sa robe noire ou gris ardoisé, rarement rouge ou blanche, sa taille moyenne, son encolure courte, son ventre assez gros, ses cornes bien ouvertes, les mamelles peu descendues. Elle est sobre, rustique, peu laitière. Mais son lait est riche et sert à la fabrication du fromage du Mont-Cenis.

2° *Race albanaise*. — Elle se trouve dans la Haute-Savoie. D'après M. Dagand, la race albanaise est très-robuste, élégante de forme, sobre, peu délicate, excellente laitière et très-propre à l'attelage; c'est celle qui convient le mieux aux vallées, comme la race tarentaise aux montagnes. Les vaches de cette race donnent en moyenne aux associations fruitières 1268 litres de lait par an, plus 360 litres environ qui sont dépensés pour le ménage et pour la nourriture du veau, soit en tout 1628 litres par an.

Dans le Jura, on trouve, outre la race franc-comtoise, des sujets de race bressane, suisse, fémeline et tourache. Les races étrangères le plus fréquemment introduites sont la charollaise, la suisse, la morvandelle et la bretonne.

3° *Race charollaise*. — Elle se trouve dans le département de Saône-et-Loire, et surtout dans l'arrondissement de Charolles. Elle est dolichocéphale.

Ses caractères typiques sont : mufle large, rosé, aux naseaux bien ouverts; lèvres épaisses, bouche moyenne, oreilles petites, minces et peu fournies, œil grand et ouvert, physionomie douce et calme.

Le repli de la peau partant du menton, et formant sous la gorge un fanon onduleux, s'arrête à la naissance du col et ne se prolonge point

Taureau charollais.

le long du bord inférieur de l'encolure comme dans la plupart des races françaises améliorées : robe uniformément blanche ou faiblement jaunâtre, cornes nuance d'ivoire, souvent verdâtres à leur pointe chez les sujets les moins fins; peau épaisse, mais souple, à poil rare, fin et brillant; encolure courte, épaisse, toujours renflée chez le taureau; taille 1 m. 45 c. en moyenne; corps ample, membres courts, squelette relativement peu volumineux;

culotte très-prononcée formant une courbe très-accentuée en arrière, croupe longue, queue implantée bas, très-large à sa base, noyée entre les ischions, courte et effilée, terminée par un fouet de crin fin.

L'élevage de la race charollaise est lié à l'exploitation des terres de vallée en herbages, qui dans la région portent le nom d'*embouches;* c'est par l'extension de ce mode d'exploitation aux vallées de la Nièvre et du Cher, et en dernier lieu de l'Allier, que s'est produite l'extension de la race elle-même, qui est la moins tardive et la plus tendre à l'engraissement.

Chez les bons éleveurs, les veaux ne tettent leur mère que deux fois par jour et ils reçoivent un supplément de nourriture composé de racines, de farineux et d'un peu de foin choisi, dès qu'il leur est possible de le mâcher. Ils se sèvrent d'eux-mêmes le plus souvent, aussitôt que l'herbage où ils vont paître de bonne heure leur fournit de quoi se rassasier.

C'est surtout à la coutume de rentrer à l'étable les jeunes animaux dès la venue du premier hiver, et de leur donner à discrétion, durant l'hivernage, des racines, du foin ou du regain de bonne qualité, qu'on doit l'amélioration de cette race.

4° *Race comtoise fémeline.* — On trouve dans le Doubs la race comtoise, qui paraît devoir son origine à la race de Schwitz importée en Franche-Comtée après l'épizootie de 1776, et qui fut peut-être croisée avec la race indigène. Actuellement, cette race a la robe châtain clair froment, quelquefois blanche ou alezan clair, avec le tour des yeux et du mufle rose comme le charollais. Sa taille est assez élevée ; sa tête longue et étroite, avec les yeux rapprochés des cornes ; peu de fanon, poitrine étroite, encolure longue et grasse ; reins souvent ensellés ; membres courts et assez fins. Les vaches sont assez bonnes laitières. Les bœufs, un peu mous au travail, sont précoces pour l'engraissement. Il se fait avec les herbagers du Nord, au printemps de chaque année, un commerce important de bestiaux ; ces herbagers, désignés dans le pays sous le nom de *Flamands*, parcourent les foires et achètent les jeunes animaux de race bovine comtoise, qu'ils engraissent et qu'ils vendent ensuite pour la boucherie dans le rayon de Paris. C'est de la préférence que les engraisseurs du Nord donnent à la race comtoise que lui vient le nom de fémeline, sous lequel elle est généralement connue.

Cette race se retrouve également dans la Haute-Saône, où elle est aussi estimée pour ses qualités laitières que pour son engraissement. L'introduction du sang hollandais a été tenté sur une certaine échelle ; mais ce croisement est peu favorable à la fabrication des fromages, industrie principale du département, où l'on a depuis longtemps organisé des associations fruitières pour la confection du fromage façon gruyère, à l'instar de celles de la Suisse, des Vosges, du Jura et du Doubs.

Dans le département de la Côte-d'Or, l'espèce bovine n'a pas de cachet spécial. Elle provient de mélanges divers avec les races de la Suisse et de la Franche-Comté. Les taureaux de race Schwitz importés aux frais du département ont, depuis une vingtaine d'années, apporté de notables améliorations dans les vaches laitières.

RÉGION DU NORD-EST. — Meurthe-Moselle, Meuse,

Vosges. — Cette région n'offre pas de types bien caractérisés. Dans la Meuse, les vaches sont nombreuses ; elles paraissent être le produit d'un croisement des races comtoise et hollandaise.

Dans la Meurthe, l'espèce bovine locale n'offre pas non plus de caractères distinctifs bien marqués, si ce n'est vers la montagne, où sous le nom de *montillons* se trouve une race noire ou rouge, large et basse sur jambes, que l'on peut considérer comme de premier ordre pour le trait et qui fournit de bons bœufs d'engraissement. Dans tout le reste du département, on ne peut pas dire, à proprement parler, qu'il existe une race. Si elle a existé, elle est aujourd'hui profondément modifiée par des croisements avec les diverses races suisse, franc-comtoise et des provinces rhénanes. Des croisements avec la race hollandaise ont parfaitement réussi, aussi bien qu'avec celle de Durham. L'ouvrier de la ferme chargé du soin des vaches se nomme *marquaire*. Dans la Moselle, la race dominante est pour l'espèce bovine l'ancienne race lorraine, assez chétive, mais bonne laitière ; elle a été améliorée par des croisements avec les races allemandes, particulièrement avec celle du Birtkenfeld, avec celles des Vosges et du Jura.

La race des Vosges, comme celle du Jura, se reconnaît à sa robe pie-noir et à ses aptitudes laitières ; elle est sobre et rustique. Les prairies qui occupent le fond des vallées nourrissent une grande quantité de vaches. Ainsi le bourg de Gérardmer, au bord du lac de ce nom, est à près de 700 mètres de hauteur ; c'est le plateau habité le plus élevé des Vosges ; l'hiver y est rude et dure parfois six mois. Là pourtant 1500 hectares de prés nourrissent 1500 vaches. Le lait de ces vaches est employé à la fabrication des fromages dit vachelins de Gérardmer ou de Géromé. Chaque vache donne en moyenne 200 kil. de ces fromages pressés et crus, disposés en pains de 2 à 5 kil. provenant chacun de 20 à 40 litres de lait.

Ces vaches donnent un lait plus riche qu'abondant; on engraisse aussi quelques beaux veaux.

Région du Nord-Ouest. — Nord, Pas-de-Calais, Somme, Seine-Inférieure, Eure, Calvados, Manche, Orne et Aisne.

Les deux races bovines dominantes de cette région sont : la flamande et la normande ou cotentine.

1° *Race flamande.* — Cette race se distingue à son pelage rouge vif, avec quelques taches blanches en forme d'étoiles ; la tête est fine et légère, les cornes courtes et minces ; la côte un peu trop plate et les hanches trop tombantes. Cette race fournit plusieurs variétés :

La *boulonaise*, plus petite, plus grêle, plus anguleuse que la flamande, mais meilleure laitière ; elle a le ventre très-tombant.

L'*artésienne*, de même taille, mais de formes plus arrondies et donnant moins de lait.

La *picarde*, très-rapprochée de la précédente ; pelage plus clair que chez les flamandes, rouge-froment foncé, ou rouge clair; cornes plus relevées, tête plus grossière et moins conique, constitution plus sèche, lait moins abondant.

La *berguenarde*, de poil rouge plus ou moins brun, plus près de terre et de formes plus arrondies que les précédentes ; moins laitière, mais engraissant plus facilement.

La *marécoise* ou *maroillaise*, variété assez rapprochée de la berguenarde ; elle a des formes plus dégagées avec une tache blanche ou tigrée à la tête, et la robe bringée, qu'elle partage seule avec la cotentine dont elle pourrait bien être la souche; la marécoise est très-laitière et son lait est très-riche.

2° *Race normande.* — C'est dans les herbages fertiles du littoral de la Manche, compris entre le cap de la Hogue et l'embouchure de la Seine, de Cherbourg jusqu'à Lisieux, embrassant en profondeur les régions appelées Cotentin et Bessin, que la race normande ou cotentine se reproduit sur la plus grande échelle. Ces régions contiennent les localités de Carentan dans le département de la Manche, d'Isigny dans celui du Calvados, si renommées pour la qualité du beurre qui s'y fabrique, et c'est aussi là que cette race se présente avec ses plus remarquables qualités laitières. Elle habite tout le littoral normand sans trop perdre nulle part de ses mérites. Le beurre de Gournay, dans la Seine-Inférieure, n'est guère moins estimé que celui d'Isigny.

La patrie originaire de cette race est probablement dans les îles danoises, car son type se retrouve en Jutland. Elle se serait établie ainsi sur les côtes de la Manche avec les Northmans, venus des mêmes régions.

On rencontre des laitières cotentines bien loin de la Normandie. Les départements d'Ille-et-Vilaine, d'Eure-et-Loir, de Seine-et-Oise, de Seine-et-Marne, où l'engraissement des veaux est pratiqué, en sont presque exclusivement peuplés, ainsi que les étables des nourrisseurs.

Caractères typiques : Dolichocéphale, mufle large, lèvres épaisses, bouche démesurément fendue, léger fanon sous la gorge chez le taureau, nul chez la vache ; oreille forte, épaisse, plantée bas ; cornes lisses, petites, quelquefois même très-petites chez la vache et seulement arquées, mais le plus souvent contournées en haut à la pointe ; œil petit, physionomie calme et douce.

Caractères secondaires : mufle rosé ainsi que les paupières ; pelage très-variable quant aux nuances et à la dispositon du teint, tantôt jaune foncé, rouge clair ou rouge-brun, pur ou mélangé de bleu ; mais quel que soit le fond du pelage comme couleur ou comme nuance, on y remarque souvent des taches brunes ou noires, irrégulièrement disposées en ligne dans le sens de l'épaisseur du corps et formant ce qu'on appelle le pelage bringé, spécial à la race normande.

Dans le Nord, c'est la race flamande qui domine. Les races hollandaise et comtoise sont aussi représentées par d'assez nombreux sujets.

Dans le Pas-de-Calais, la grande majorité appartient au type flamand, modifié par la nourriture, qui est moins riche que dans les environs de Bergues, centre de la race. Dans les arrondissements de Boulogne et de Montreuil, elle prend le nom de sous-race boulonaise ; dans l'Artois, elle devient sous-race artésienne.

Des croisements ont été essayés avec des taureaux hollandais, Durham et Ayrshire. Les résultats sont mauvais.

Les génisses, aussitôt nées, sont séparées de la mère. On leur fait boire du lait au baquet pendant quinze jours ou trois semaines au plus, puis on les nourrit avec du son et du petit-lait.

La stabulation est le régime généralement adopté. Toutefois pendant quelques mois d'été on conduit les animaux dans des prairies naturelles ou artificielles.

Dans la Somme, on trouve toutes les variétés que nous avons indiquées ; mais, quelle que soit la variété, la vache de la Somme est essentiellement laitière ; le bœuf, rarement employé au travail, est engraissé de bonne heure, c'est-à-dire dès qu'il a terminé son accroissement.

Dans l'Eure, on rencontre surtout les races cotentine et normande.

Le Calvados est très-remarquable par ses bêtes bovines ; les races dominantes sont des variétés de la race normande. La race cotentine pure règne seule dans le Bessin. Le croisement Durham ne saurait être recherché où l'on ne cherche pas la précocité.

Le Bessin est le pays à beurre par excellence : Isigny, comme centre de cette production, rayonne entre Saint-Lô et Bayeux.

Dans la Manche, l'espèce bovine appartient à la race cotentine plus ou moins pure. On rencontre quelquefois vers le sud la petite race bretonne des Côtes-du-Nord. Aux environs de Granville, on trouve quelques animaux de la race jersiaise, si estimée pour la richesse de son lait.

Les bœufs sont livrés au travail, et ils y montrent une certaine aptitude par la rapidité de leurs allures.

Dans l'Orne, la race normande se rencontre presque seule ; un certain nombre de cultivateurs de ce département se livrent à l'engraissement des vaches et des bœufs, mais ce ne sont pas des élèves du pays ; ils y viennent maigres des foires de la Mayenne, de la Sarthe, de Maine-et-Loire, de la

Manche, de la Vienne et de la Vendée. La vacherie du Pin y a propagé le sang Durham.

Région des plaines du Nord. — Seine, Seine-et-Oise, Eure-et-Loir, Seine-et-Marne, Marne, Haute-Marne, Aube, Yonne.

Les races qu'on rencontre dans cette région sont assez variées et elles n'appartiennent pas au pays.

Dans la Seine, les races dominantes sont : la picarde, la flamande et la normande.

En Seine-et-Oise, on rencontre généralement les vaches de Normandie. Certains prétendent qu'elles s'habituent difficilement aux conditions de terrain et de climat, d'alimentation et d'hygiène. C'est pour cela qu'à Grignon on a introduit, depuis 1827, un grand nombre de taureaux et de vaches de Schwitz qui, nés sous un climat plus rude, dans des conditions moins favorables et très-variables, prospèrent tout de suite, exigent moins de soins, et se contentent de fourrages moins bons. Ces animaux ont produit dans le département un assez grand nombre de croisements, et leur importation a eu l'avantage d'amener quelques bons marquaires ou vachers suisses qui les ont accompagnés et dont ils ont motivé l'émigration.

Les vaches les plus communes en Seine-et-Marne sont encore les normandes, les cotentines et les flamandes ; les hollandaises s'y sont très-multipliées. Et depuis la propagation des distilleries, le nombre des bêtes à l'engrais a singulièrement augmenté. Le département d'Eure-et-Loir offre les mêmes races, mais c'est assurément la vache normande qui y domine.

Dans l'Yonne, l'espèce bovine appartient presque exclusivement à la race charollaise, parfois

croisée de Durham; on y trouve aussi quelques
bêtes fémelines ou suisses.

MM. Pruneau à Bléneau et Lacour à Saint-Far-
geau ont créé chacun une magnifique vacherie
dans laquelle ils ont fait l'élevage du Durham pur,
du charollais et du fémelin purs, et les croisements
de ces races entre elles.

Taureau normand.

Dans l'Aube, les espèces dominantes de vaches
appartiennent à la Suisse pour le midi et l'est du
département, et à la Normandie pour le nord et
l'ouest. On y trouve encore une sorte de vache très-
voisine de celle des Vosges et qui paraît en venir.
Défectueuse à tous égards, elle tend heureusement
à disparaître. Les races normandes ne réussissent
pas sur les craies, où elles ne trouvent pas de pâ-

tures assez riches. La Champagne proprement dite élève des veaux gras pour la boucherie de Paris.

Région des plaines du Centre. — Sarthe, Loiret, Loir-et-Cher, Indre-et-Loire, Nièvre, Indre, Allier.

Dans le Loiret et dans le Loir-et-Cher, les bêtes bovines appartiennent aux races de Normandie ou du Maine. La race du Maine a pour type le pelage jaune-froment clair sur fond blanc, ou pie-rouge; le poil et le cuir grossiers; la tête presque toujours pie-jaune ou pie-rouge, avec le tour des yeux et des naseaux presque constamment bordé de blanc. La tête est grosse, courte, large au front, le mufle épais, les cornes courtes mais grosses à la base, avec la pointe noire ou verte; l'encolure est courte et chargée, la poitrine courte et sanglée, la croupe étroite et souvent avalée, le fanon très-descendu, la culotte trop grêle. Médiocres au travail, mauvais pour la laiterie, les animaux de cette race sont encore durs à l'engraissement; mais ils ont reçu, paraît-il, du croisement Durham une amélioration sensible.

L'Indre et l'Indre-et-Loire n'ont pas de races particulières. Sur les confins du Limousin, on emploie l'excellente race de cette province. Partout ailleurs, la race est celle de Parthenay ou de Cholet. Un grand nombre de taureaux sortent de l'Indre pour aller dans la Touraine, l'Anjou et le Maine, où les cultivateurs en font des bœufs qu'ils emploient aux travaux de la culture, jusqu'à ce que l'âge soit venu de les livrer aux engraisseurs de la Normandie.

1° *Race nivernaise.* — L'espèce bovine a aujourd'hui dans la Nièvre une importance considérable. Dès les temps les plus reculés, ce département possédait une race distincte, celle du Morvan, dont les produits couvraient toute la partie montagneuse du pays; bien qu'elle ne fût ni laitière, ni très-apte à l'engraissement, elle avait sa raison d'être par son extrême rusticité et une aptitude sans égale pour le travail et les charrois; les autres parties du pays allaient chercher les salers et les limousins, et des sujets de races mélangées qu'on ne retrouve plus aujourd'hui que chez les vignerons et locataires, qui tiennent particulièrement aux qualités laitières.

Mais en présence de nouveaux besoins, d'une consommation de viande beaucoup plus grande, les bêtes de la plaine et la race du Morvan devaient disparaître. Celle de Saône-et-Loire, suffisamment travailleuse et très-propre à la boucherie, fut introduite vers 1770 et couvrit bientôt toute la surface du département.

On ne retrouve plus aujourd'hui celle du Morvan que sur les crêtes de quelques montagnes et dans quelques parties de l'arrondissement de Clamecy, où sa présence est demeurée précieuse pour le transport des bois.

La race charollaise, croisée d'abord avec celles qui se trouvaient en possession du pays, s'est apurée successivement et transformée en un type particulier, bon encore pour le travail et qui présente à l'engraissement et à la boucherie des avantages longtemps inconnus. Elle possède plus qu'aucune autre la faculté de grossir à l'herbage et de s'engraisser jeune. Ces résultats sont dus, d'une part, à un choix spécial de reproducteurs, et d'autre part, à l'importation fréquente de taureaux du Charollais.

Mais ce qui paraît avoir le plus contribué a donner à la race nivernaise le type qu'elle possède actuellement chez les bons éleveurs, c'est le mélange qui en a été fait avec la race anglaise de Durham, dans la proportion d'un huitième à un quart de sang.

2° *Race bourbonnaise*. — Presque partout dans l'Allier, la culture se fait avec des bœufs; ce n'est guère que par exception qu'on se sert de chevaux. La race bovine de ce département est la race dite *bourbonnaise*, qui ressemble beaucoup à la nivernaise; elle paraît moins pure, sa robe est blanche, quelquefois pie fauve, pie-rouge ou pie-noir suivant les croisements avec l'Aubrac, le Salers ou la race de la Limagne. Elle a les membres plus fins, la poitrine moins ample, le corps plus long, les formes moins arrondies que la charollaise; elle est aussi moins apte au travail et à l'engraissement, mais un peu meilleure laitière.

La race bourbonnaise se modifie suivant la contrée qu'elle habite. Dans l'arrondissement de Gannat, elle est souvent croisée avec les races auvergnates; dans celui de Montluçon, avec la race limousine; dans ceux de Moulins et de la Palisse, avec les races nivernaise et charollaise. Cette dernière est la plus appréciée et celle dont on recherche le plus le croisement.

M. Bignon, l'intelligent cultivateur de Theneuille, a, dans la plupart de ses métairies, des vaches charollaises pures. Les animaux qui proviennent de croisements opérés entre cette race et la race bourbonnaise ont été abandonnés.

Les bœufs de travail appartenaient autrefois en grande partie aux races de Salers, limousine et bourbonnaise. Aujourd'hui, on les remplace aussi avec raison par des bœufs charollais.

RÉGION DES MONTAGNES DU CENTRE. — Haute-Vienne,

Creuse, Puy-de-Dôme, Loire, Corrèze, Cantal, Haute-Loire, Lozère, Aveyron.

1° *Race de Salers.* — Le Puy-de-Dôme est très-remarquable par ses races bovines ; nous avons pu en juger, en 1870, au concours régional de Clermont-Ferrand. La race de Salers était admirablement représentée : il y avait là 124 bêtes de même couleur, rivalisant toutes par la beauté de leur forme, la pureté de leur sang et se faisant toutes remarquer par leur front large, coiffé de cornes courtes bien ouvertes, par leur large encolure et leur aspect vigoureux, et par l'implantation élevée de leur queue. A voir cette race, on sent qu'elle est réellement bien fixée ; c'est à coup sûr l'une des races les plus anciennes de France. On suppose qu'elle descend, comme la race de Devon avec laquelle elle offre une grande analogie, de la race sàxonne du nord de l'Allemagne ; d'autres pensent qu'elle est peut-être une modification immédiate du type primitif hongrois. Ces questions d'origine sont toujours difficiles à préciser ; mais toujours est-il que le type de Salers est une race véritable, qui offre un rare degré de constance.

D'après M. Sanson, il n'y a pas de raisons suffisamment plausibles pour adopter une telle désignation de race de Salers, inspirée par la tendance à multiplier abusivement la dénomination de race dans le bétail français, chaque petit centre de production ayant voulu avoir la sienne.

Les habitants de l'Auvergne en distinguent trois ou quatre, dont les noms toutefois n'ont pas dépassé les limites de leurs montagnes. Il convient, d'après M. Sanson, de les englober toutes dans la *race auvergnate,* dont le type, parfaitement uniforme et déterminé d'une manière très-nette, ne présente que des nuances insignifiantes, en tout cas fort secondaires.

Voici ses traits caractéristiques : crâne brachycéphale, cornage fort, oreille implantée haut, large et velue à l'intérieur ; chignon et front couverts de poils abondants et frisés ; mufle étroit, bouche petite, fanon épais et long, partant du menton pour se continuer tout le long de la gorge et du cou ; physionomie énergique et rude.

Caractères secondaires : mufle rosé, quelquefois marbré de taches noires ou grisâtres, surtout vers ses bords ; cornes fortes, lisses, régulièrement contournées et se relevant en dehors, noires à leur extrémité qui n'est pas effilée, pelage uniformément rouge vif acajou sur tout le corps ; taille très-élevée ; corps long, à ligne supérieure souvent un peu fléchie ; croupe courte, queue implantée haut, longue, dont l'extrémité libre, abondamment fournie de crins, descend jusqu'à la partie moyenne des canons ; poitrine le plus ordinairement arrondie, mais manquant d'ampleur et de profondeur ; épaule courte, fanon épais et très-prononcé, pendant en avant du poitrail entre les membres antérieurs qui sont un peu longs, mais très-forts ; cuisse relativement mince, culotte maigre, presque droite.

La vache de Salers est remarquable par la sobriété et la rusticité. Tout ou presque tout le travail dans le Puy-de-Dôme se fait par ces vaches : aussi peut-on dire que ce département est plutôt un pays d'élevage que d'engraissement. La vache de Salers, qui peut gravir le sommet des montagnes, est un animal essentiellement productif par le travail qu'elle donne, le lait riche en caséum qu'elle fournit, l'engrais qu'elle abandonne, la viande et la peau qu'on finit par lui prendre.

Les animaux de la race de Salers se trouvent sur-

Race auvergnate ou de Salers.

tout dans la direction du Cantal ; ils alimentent le marché de Paris, mais il paraît qu'ils n'y (sont pas expédiés directement ; des marchands les achètent dans le Cantal, les mettent dans les herbages et les envoient graduellement vers le nord. D'autres s'en vont dans la Charente. Il part du Puy-de-Dôme et du Cantal plus de 40,000 animaux mâles chaque année, se dirigeant vers l'Aveyron, la Lozère et les autres départements méridionaux. Les femelles sont gardées pour la production du fromage; mais comme ces courageuses bêtes sont également employées aux travaux de la culture, on comprend qu'elles fournissent un peu moins de lait.

Quant à la race ferrandaise, on reconnaît aujourd'hui qu'elle dérive de la race de Salers.

2° La *race d'Aubrac* et la *race marchoise* qu'on trouve également dans le Puy-de-Dôme, sont deux races qui sont aussi sorties d'une même souche, quoique de couleur différente.

Les aubracs ont la robe fauve clair, avec la joue et les oreilles plus foncées. Souvent aussi ils ont la couleur blaireau foncé, ce qui les rapproche des marchois. Moins développés que les salers, les aubracs sont moins résistants au travail, ils engraissent moins facilement.

Les marchois sont des animaux de moyenne taille, avec pelage blaireau, gris, gris-brun, le front uni, les yeux et le mufle noirs encadrés de blanc. Ils sont laborieux et sobres et conservent néanmoins leur aptitude à l'engraissement. Les femelles sont bonnes laitières et s'approprient bien aux petites exploitations.

Les aubracs et les marchois semblent se rattacher l'un et l'autre à la race vendéenne dite parthenaise.

Le Cantal, qui est riche en bétail, élève maintenant le charollais de préférence au salers.

Dans la Creuse dominent les races marchoise et limousine. Cette dernière peut être rapportée au type de Salers. Situé près de l'Auvergne et sur un sol presque identique, le Limousin adopta naturellement la précieuse race de Salers, qui y a subi si peu de modifications de formes et d'aptitudes. Le pelage, il est vrai, est devenu jaune-froment, mais ce sont toujours même tête et même cornage, même fanon, mêmes membres, même ventre, et enfin c'est toujours la même race de travail et de graisse, mais peu laitière.

La race limousine se retrouve dans la Corrèze.

Dans la Lozère, les bêtes à cornes sont issues de mélanges divers avec les races d'Aubrac et d'Auvergne ; leur appareillement est depuis des siècles abandonné au hasard.

3° *Race Marvéjols.* — C'est sur les montagnes d'Aubrac, non loin de Marvéjols, qu'a pris naissance la race de ce nom, qui s'y soutient dans sa pureté. C'est cette race qu'on retrouve dans l'Aveyron, où l'élevage du bétail est une des principales branches de l'agriculture.

L'étable.

L'étable est la demeure des animaux, et comme aujourd'hui la stabulation est beaucoup plus suivie qu'autrefois, il importe que ce bâtiment soit construit et disposé d'une manière plus conforme aux prescriptions de l'hygiène. Le vacher n'est généralement pour rien dans la construction des étables ; néanmoins il importe qu'il connaisse les bonnes conditions d'établissement d'une vacherie, car quand la mortalité frappe les troupeaux enfermés dans des étables mal aérées et mal saines, le propriétaire est disposé à accuser son vacher de manquer de soin.

Le bœuf de travail qu'on loge à l'étroit et qui ne peut se reposer tout à son aise répare mal ses forces, fait un service moins profitable et sollicite plus hâtivement sa réforme ; il devient plus difficile à engraisser et ne prend pas avec l'âge toute la valeur qu'il aurait pu acquérir. La vache laitière qu'on ne tient pas dans une bonne étable, ne donne pas la totalité de produit qui la rendrait précieuse en des circonstances plus favorables ; les animaux bien venants ne sont pas ceux qu'on loge mal ; l'habitation, enfin, exerce une influence bien connue et maintenant assez convenablement appréciée sur l'opération de l'engraissement.

Quels que soient sa destination et son âge, la bête bovine veut donc être sainement et commodément logée.

Pour produire des forces, du lait, de la viande et de la graisse, il faut aux animaux une quantité d'air qui varie en raison de leur destination, du genre d'alimentation qui leur est propre et du but que le propriétaire se propose. Les bêtes bovines dont la nourriture se compose de fourrages secs, riches en carbone, en hydrogène, emploient de plus fortes quantités d'oxygène, ont besoin de plus d'air que celles dont le régime consiste en substances aqueuses, herbes ou racines. Ainsi, la quantité d'air doit varier suivant le régime auquel on soumet l'animal. Il n'est pas possible, comme nous le verrons plus loin, de traiter des bœufs d'engrais, ou des vaches laitières comme on traiterait des taurillons ou des génisses. Les produits que les premiers doivent accumuler ou sécréter, la graisse et le lait qui sont des matières éminemment combustibles, se forment en moindre quantité si la respiration est plus active.

Les nourrisseurs de vaches laitières et les engraisseurs ont depuis bien longtemps remarqué qu'ils atteignaient plus vite leur but en enfermant leurs animaux dans des étables obscures, étroites et chaudes. D'un autre côté, on a observé que la quantité de lait fournie par les vaches diminuait lorsque la température de l'étable s'abaissait au-dessous d'un certain degré ; il est en effet nécessaire pour les bêtes destinées à l'engraissement ou à la production que leur étable soit plutôt chaude que froide et plutôt humide que sèche. Souvent les propriétaires, pour avoir une plus haute température, accumulent les vaches dans un espace restreint ; c'est ainsi qu'ils vicient l'air de leur étable. La vitalité de leurs animaux en est moins grande, leur constitution s'altère, et ils sont plus impressionnables aux causes de maladie. Une affection qui serait sans gravité sur un individu bien tenu revêt promptement les caractères typhoïdes sur celui qui respire un mauvais air. Enfin, les effets d'un aérage insuffisant sont d'autant plus nuisibles que les animaux sont mieux nourris.

Voilà des principes que les vachers aussi bien que les propriétaires doivent avoir constamment à l'esprit, car rien n'est plus important que de savoir combiner judicieusement l'aération et l'alimentation de manière à donner à chaque animal, suivant sa destination, la quantité d'air, la température et la somme de nourriture convenables.

L'atmosphère chaude et humide pousse à la mollesse ; par cela même, elle irait à l'encontre du but en ce qui concerne les animaux de travail, non-seulement à raison de ses effets physiologiques, mais aussi à raison du brusque changement qu'éprouveraient les animaux en sortant à l'air.

Les élèves, enfin, qui exigent une température douce pendant le premier âge, doivent être ensuite ramenés à une autre condition, surtout lorsqu'ils sont destinés à devenir des animaux de fatigue. L'air chaud et raréfié qui convient si bien à la production de la viande et du lait, ne suffirait pas à fonder une constitution forte et résistante, ni même à développer les muscles charnus qui font plus tard les bons et beaux animaux de boucherie.

Il faut donc donner aux animaux la place qui leur est nécessaire et chercher ailleurs que dans l'exiguïté des logements les bonnes conditions d'aération qui deviennent si essentielles ici : l'important, c'est d'avoir en hiver des paillassons épais qui doublent les fenêtres et s'opposent à l'abaissement de la température au-dessous du degré voulu.

Les dimensions à donner à l'étable doivent être calculées pour la longueur sur le nombre de têtes appelées à l'occuper ; il faut ménager à chacune d'elles de 1 m. 25 à 1 m. 50 en largeur. On ne leur accorde communément qu'un mètre : c'est trop peu ; leur mesurer aussi étroitement l'espace est une faute qu'on paye chaque jour par une réduction de produits.

Dans le sens de la profondeur, il faut donner, y compris le passage à conserver libre derrière les animaux, de 1 m. 50 à 5 mètres.

Enfin le plancher supérieur ne doit pas être établi à une hauteur moindre de 3 mètres.

L'auge, appelée aussi mangeoire, est généralement plus large que celle des chevaux; cela est nécessaire, parce qu'on ne construit pas de râtelier et que c'est dans l'auge qu'on donne l'herbe, le fourrage, toute la nourriture de la vache.

La mangeoire ne doit pas s'élever en moyenne à plus de 40 cent. au-dessus du sol; sa largeur doit être également de 40 cent. et sa profondeur peut varier de 20 cent. à 30 cent; on la construit soit en pierres creusées, soit en planches épaisses, avec un fond en maçonnerie.

Dans les fermes importantes, les étables sont à deux rangs, ce qui économise de la place et permet d'avoir plus facilement une température élevée; mais aussi l'air y est plus rapidement vicié : c'est pourquoi il importe que ces étables soient munies de ventilateurs qui permettent de donner la quantité d'air nécessaire à l'étable. Il faut aussi qu'il y ait assez de place pour pouvoir administrer les repas sans aucun dérangement pour les animaux, sans aucun risque non plus pour le vacher, quand il a quelques bêtes méchantes, et aussi pour faciliter son travail.

La salubrité des étables consiste essentiellement dans le bon aménagement des déjections, de telle sorte que les liquides ou les urines soient recueillis ou absorbés, les solides conservés, de sorte que ni les uns ni les autres, en s'altérant ou se décomposant au contact de l'air, ne laissent échapper dans l'atmosphère de l'étable les matières ammoniacales gazeuses résultant de leur décomposition. L'expérience a démontré que la salubrité aussi complète que possible de l'air dans lequel vivent les animaux est une condition très-utile pour stimuler leur appétit et pour les faire profiter de la nourriture qu'ils consomment. Il importe qu'ils ne se dégoutent pas de leurs aliments ; aussi les bouviers qui ont des étables d'engraissement doivent-ils les tenir dans le plus grand état de propreté, afin d'éviter les émanations qui pourraient en altérer l'atmosphère.

Quant aux vaches laitières, c'est, comme le fait observer M. Sanson, en vue de la qualité du lait que la salubrité de l'étable a de l'importance. Si peu que ce lait y séjourne, il s'imprègne nécessairement des matières étrangères répandues dans l'atmosphère et dont plusieurs sont pour lui des ferments d'altération ; il perd une partie de son arome et y contracte un goût plus ou moins désagréable, sensible surtout dans le beurre qui en est extrait. En Normandie, en Suisse, en Hollande, où le beurre et le fromage sont excellents, les étables sont très-proprement tenues.

Des considérations précédentes il résulte qu'il est très-nécessaire de disposer le sol de l'étable de façon à faciliter l'écoulement des urines qui ne seraient pas absorbées par les litières. En raison de leur alimentation, les bêtes bovines font beaucoup de déjections qui contiennent en forte proportion des matières azotées précieuses comme engrais, mais qui s'altèrent facilement à l'air. Il importe de ne point les laisser en nappe sur le sol de l'étable, derrière les animaux ; une rigole, disposée à cet effet, doit les recevoir et les conduire par une pente douce dans la fosse à purin dont toute ferme bien dirigée est pourvue.

Les litières sont moins nécessaires pour les vaches que pour les chevaux ; elles souffrent moins qu'eux de se coucher directement sur le sol, à cause de leur mode de décubitus dit *sternal*. Sur un sol bien pavé ou bitumé les bêtes se passent ainsi facilement de litières. Mais, comme la plupart des cultivateurs qui ont des vaches veulent en tirer parti pour faire du fumier, les litières sont indispensables pour absorber sur place le plus possible de déjections liquides. Pour cela, les pailles et les autres matières végétales sont nécessaires ; elles doivent être renouvelées sous les bêtes, de façon qu'elles soient toujours à sec. Le temps que le fumier peut séjourner sans inconvénient sous les animaux d'espèce bovine est déterminé par les émanations qu'il produit. Tant que l'odeur ammoniacale ne se fait pas sentir, il n'y a pas d'inconvénient.

Dès que les litières ne se montrent plus suffisantes pour retenir les émanations gazeuses, le vacher doit nettoyer l'étable à fond.

Quand un propriétaire possède un grand troupeau de 50 ou 60 vaches, il est très-important de ne pas les mettre toutes dans la même étable ; les grandes agglomérations d'animaux donnent souvent lieu à des maladies épidémiques et contagieuses.

Alimentation des vaches.

L'alimentation des vaches doit varier suivant les saisons, suivant le produit qu'on se propose d'obtenir, lait, beurre ou graisse. Certaines races aussi exigent une alimentation plus variée et de meilleure qualité.

La production du lait est sans contredit la manière la plus fréquente et la plus rémunératrice d'utiliser les bêtes bovines.

Le vacher doit savoir qu'une nourriture sèche donne un lait peu abondant, mais épais. La crème se sépare avec difficulté, et pour remédier à cet inconvénient il faut faire boire davantage les animaux.

Si la nourriture est fortement aqueuse, pourvu que les vaches reçoivent la même proportion de matière nutritive, le lait est abondant; mais il participe de la nature des aliments et il est relativement plus riche en beurre et en fromage.

Le lait provenant de fourrages aqueux peut compenser par des qualités particulières l'infériorité qui résulte d'une trop grande quantité d'eau. Celui des vaches qui pâturent dans les herbages a un goût exquis, que les plantes ne donnent plus quand elles ont été desséchées.

Les meilleures plantes produisent de mauvais lait quand on les administre seules et pendant longtemps, tandis qu'une nourriture variée, serait-elle de médiocre qualité, donne un bon produit.

Et si l'on veut donner un bon goût au lait, on peut mêler aux aliments des plantes à odeur suave : le thym, le serpolet, la mélisse, la lavande, l'origan rendent le lait gras, butyreux et lui communiquent un goût agré ble.

Il importe de mesurer sagement l'alimentation. Pour les vaches laitières, le principe est de leur donner, outre la ration d'entretien (c'est-à-dire la ration qui est nécessaire pour qu'une bête parvenue à toute sa croissance se maintienne en bonne santé sans augmentation ni diminution de poids), un excès de nourriture convenable pour la sécrétion du lait, qu'on appelle *ration de production;* si cet excès sur la ration d'entretien était encore insuffisant, ce qui quelquefois arrive par suite d'une économie mal entendue, on verrait l'amaigrissement de la vache laitière se manifester au point de compromettre la santé de l'animal.

De même aussi un trop grand excès de nourriture pourrait déterminer une trop forte production de chair et de graisse, et dès lors la sécrétion du lait diminuerait rapidement.

Le vacher qui veut conserver dans une bonne vache la production d'un lait abondant et riche en principes nutritifs, doit donc savoir apprécier la quantité de nourriture nécessaire à son entretien et à la production du lait.

Une vache médiocre ou mauvaise donne à peu près autant de lait lorsqu'elle est nourrie avec modération que lorsque sa nourriture est abondante : l'excès de nourriture se change en graisse, surtout s'il s'est écoulé un certain temps depuis la mise-bas; tandis que dans les très-bonnes vaches le lait augmente presque indéfiniment, et si les aliments sont bien choisis, ils ne produisent de la graisse que lorsque les rations sont excessivement fortes, du moins pendant les cinq ou six premiers mois après la parturition.

Le lait tend à diminuer surtout quand les vaches ont été conduites au taureau ; il faut alors réduire la ration pour prévenir l'engraissement, même dans les meilleures laitières.

Mais quand le propriétaire veut livrer à la boucherie les vaches dont le rendement diminue, il doit alors les nourrir très-abondamment, et même donner des aliments propres à engraisser, quelque temps avant la mise en vente.

Le vacher trouvera souvent avantage à nourrir avec modération même les vaches fraîches vêlées, afin de prévenir les chaleurs et de retarder l'engraissement ; la sécrétion des mamelles en sera moins active, mais elle durera plus longtemps. Le vacher se trouvera également bien de diminuer la nourriture s'il a des vaches nouvellement achetées et s'il craint de les voir atteintes de péripneumonie.

Dans tous les cas, quand le vacher doit diminuer la ration, il fera porter la diminution sur les aliments les plus substantiels : il les changera pour d'autres moins riches en principes nutritifs. Autant que possible, le poids de la ration restera le même, car il ne faut jamais diminuer à la fois le volume de la ration et la quantité de matière nutritive.

L'influence de la ration varie selon la nature des aliments : quand on fait consommer des fourrages médiocres, secs, le lait n'augmente avec la ration qu'autant que les vaches ont été précédemment mal nourries ; mais aussitôt que la nourriture répond aux besoins de l'économie, la quantité de lait varie très-peu, lors même que la ration est augmentée.

Le vacher devra se rappeler qu'il y a toujours moins d'inconvénient à dépasser la ration qu'à ne pas l'atteindre. Il sait parfaitement que des vaches qui ne peuvent pas satisfaire leur appétit, se tourmentent, regardent de tous côtés, maigrissent et donnent peu de lait ; tandis que les vaches très-bien nourries payent en graisse ce qu'elles ne payent pas en lait.

Les vaches laitières consomment 3 pour 100 de leur poids de foin ou une ration équivalente, elles consomment plus que les animaux de travail et les élèves.

Les nourrisseurs de Paris leur donnent même davantage, soit 24 kilogr. de foin. Leurs vaches, en général de forte taille, pèsent à peu près 500 k.

La ration est donc égale à peu près à 25 k. de foin par chaque 100 kil. du poids vivant des vaches.

Cela est excessif ; mais les nourrisseurs de Paris ont intérêt à donner des rations énormes, parce que leurs vaches sont très-bonnes et disposées à produire du lait en proportion de ce qu'elles consomment.

M. Magne, qui a si bien étudié cette question, fait observer que ce maximum de ration peut du reste servir de guide même à ceux qui n'ont pas intérêt à nourrir aussi fortement ; il pense que dans les campagnes on a avantage à ne pas dépasser 3 kilogr. de foin pour 100 du poids vif des vaches.

Les effets de l'alimentation dépendent beaucoup de la façon dont les repas sont réglés ; c'est en cela surtout que les soins du vacher sont utiles.

Les vaches laitières comme les bœufs qui travaillent, peuvent ne faire que trois repas par jour, leur ration étant divisée en trois parties égales, mais sans que pour cela chaque tiers de la ration leur soit donné en une seule fois, pour chaque repas, surtout s'il s'agit de fourrages de prairie, secs ou verts. Le vacher doit se rappeler que l'animal qui a une forte quantité de ces fourrages devant lui en gâte toujours une partie. Pour éviter cette perte, un vacher intelligent fera bien de ne donner que de petites portions. Si le repas doit durer environ une heure, comme c'est l'usage, il est bon qu'il fasse quatre distributions, une chaque quart d'heure, en abreuvant entre les deux premières et les deux dernières. De cette façon rien ne se perd.

Le premier repas a lieu le matin, le second à midi et le troisième le soir.

Dans son ouvrage sur l'hygiène des animaux domestiques M. Sanson a beaucoup insisté sur la nécessité de bien régler les repas. Pour les bêtes à l'engrais qui reçoivent une ration plus copieuse, il y a tout avantage à augmenter d'un ou de deux le nombre des repas, en distribuant les éléments des rations de manière à stimuler l'appétit, c'est-à dire en donnant d'abord aux animaux ce qu'ils mangent avec le moins de plaisir.

Avec les pulpes de distilleries qui sont humides et toujours un peu fermentées, on agit différemment, les fourrages secs devant alors être préalablement mélangés avec ces pulpes. Il en est ainsi d'ailleurs pour tous les résidus pâteux ou demi-liquides dont la réaction améliore beaucoup la valeur nutritive des fourrages secs. Toutes les rations de la journée sont préparées en une seule fois et leurs divers éléments distribués en même temps : la saveur du mélange, surtout quand elle est relevée par l'addition du sel, fait que l'appétit n'a pas besoin d'autre stimulant.

Nourriture d'hiver. — Les rations que nous venons d'indiquer s'appliquent surtout à la nourriture d'hiver, qui se compose de regains, de paille d'avoine, de betteraves, de pommes de terre, de tourteaux, etc.

Il importe que le vacher ait quelques notions sur ces aliments. Le regain est par excellence le foin des vaches laitières. La paille d'avoine est celle qu'on leur donne le plus communément et sa richesse en corps gras explique son utilité; celle d'orge est tendre et convient également; celle de blé qui a servi de litière aux chevaux est moins utilisée qu'autrefois : les vaches la mangent cependant avec plaisir.

M. Magne dit que ni le foin ni les pailles ne doivent former la base de la nourriture : le premier parce qu'il est trop cher; les autres parce qu'elles sont trop peu nourrissantes et qu'elles ont, principalement celle de seigle, le grave inconvénient de diminuer la sécrétion du lait.

Laveur de racines.

Les betteraves, qu'on donnait il y a quelques années à la dose de 25 à 30 kilogrammes par jour et par tête, sont administrées aujourd'hui en moindre quantité. Dans les pays où il y a des distilleries ou des fabriques de sucre, on préfère avec raison donner des pulpes, qui sont moins chères et qui, sous le même poids, sont aussi nutritives.

La carotte ne diffère pas beaucoup de la betterave par sa composition et ses propriétés nutritives. D'après le Dʳ Khun, elle donne un peu moins de lait, mais ce lait est de meilleure qualité et le beurre a une belle couleur et un goût excellent. Il ajoute que les carottes sont très-facilement digestibles, ne causent aucune surcharge d'aliments et sont par cela même très-avantageuses pour l'alimentation des vaches pleines. Quant aux pommes de terre, M. Magne dit qu'elles rendent les excréments fétides et occasionnent souvent, même quand elles sont administrées en petites quantités, la diarrhée aux vaches qui ne sont pas habituées à en prendre.

Payen et Richard reconnaissent que les pommes de terre crues sont favorables à l'augmentation du lait, moins cependant que les betteraves. Il vaut donc mieux employer les pommes de terre crues, sauf à en donner de plus petites quantités, car lorsqu'elles ont subi la cuisson, elles favorisent plus l'engraissement qu'elles n'activent la sécrétion des mamelles.

Dans les pays où se trouvent des brasseries, on peut donner aux vaches de la drèche ou résidu de la fabrication de la bière. Cette nourriture pousse à la production du lait, mais d'un lait aqueux. La drèche nourrit beaucoup moins qu'autrefois, à cause des perfectionnements apportés dans la fabrication de la bière. Il y a rarement avantage à en faire consommer, quand elle coûte plus de 2 fr. 50 le setier.

Dans certains départements, on emploie avec raison des tourteaux de colza, qui sont très-bons pour la nourriture des vaches ; une fois habituées à cet aliment, elles donnent un lait butyreux fort estimé.

Les bonnes issues, la recoupette et le remoulage peuvent entrer très-utilement dans la nourriture des vaches, qu'elles rafraîchissent sans les relâcher.

La nourriture d'hiver rentre essentiellement dans

le système d'alimentation qu'on appelle nourriture
à l'étable ou stabulation. Voici ce qu'en pense M. Moll :
ce mode de nourriture nécessite des dépenses et des
soins plus grands que la nourriture au pâturage,
mais il offre, sous le rapport de la production du fumier, un avantage si grand sur les autres méthodes
qu'il a été adopté généralement.

Aujourd'hui, des contrées entières n'ont plus d'autre mode de nourriture du gros bétail, et ce système
a permis d'avoir un nombre infiniment plus grand
d'animaux. En effet, par la stabulation, on peut nourrir une tête de bétail sur le plus petit espace de terrain possible, non-seulement parce qu'une portion de
la nourriture n'est pas, comme dans le pâturage
ordinaire, gâtée par le piétinement, mais encore par
le surcroît considérable de fumier que l'on obtient
par las tabulation : ce qui permet de fumer parfaitement les terres et d'en augmenter le produit.

A l'exception des contrées où l'agriculture proprement dite n'est qu'un accessoire et de celles où les
fourrages artificiels succeptibles d'être fauchés ne
réussissent point, la stabulation du gros bétail doit,
même en été, devenir, selon M. Moll, partie intégrante de toute bonne culture.

Nourriture d'été. — La nourriture d'été est très-
salutaire aux vaches, surtout quand elle se compose
d'herbe tendre. Par la dessiccation, les plantes se
brisent et perdent leurs parties les plus délicates et
les plus nutritives ; elles perdent aussi, avec leur eau
de végétation, des principes volatils aromatiques
qui contribuent à rendre le lait plus abondant, plus
butyreux et le beurre plus agréable au goût.

L'herbe est proportionnellement moins chère que
le foin : en la faisant consommer verte, on évite les

frais de fanage, de conservation, et les chances de voir le fourrage altéré par les pluies. Mais le vacher doit avoir le plus grand soin de ménager la transition de la nourriture sèche à la nourriture verte. Il donnera la nourriture verte d'abord en petites quantités et mêlée de foin ou de regain. Ses soins, à cet égard, doivent être d'autant plus grands que le fourrage vert est plus jeune, plus tendre, plus aqueux. S'il ne prenait pas ces précautions, les vaches seraient exposées à avoir la diarrhée.

Les fourrages précoces sont excellents pour les vaches laitières. Aussi le vacher doit-il demander à son propriétaire du seigle vert, en attendant les coupes de luzerne, de sainfoin et de trèfle. Les coupes précoces de luzerne donnent de bons regains, surtout dans les pays humides. Les fourrages d'été, la vesce, la gesse, les pois, le maïs, surtout le millet et le sorgho, puis les feuilles de betteraves sont de bons aliments, ainsi que les feuilles de carottes ; ces dernières sont plus difficiles à détacher dans le courant de l'été, mais on les utilise très-avantageusement en automne.

C'est, dit M. Magne, quand les plantes ont une consistance moyenne qu'elles conviennent le mieux, c'est-à-dire vers l'époque de la floraison : plus tôt, elles sont trop aqueuses ; plus tard, elles sont dures et donnent moins de lait.

Quand les plantes ont beaucoup de vigueur et qu'elles sont tendres, il est avantageux de les couper quelque temps avant de les distribuer. Légèrement fanées, elles nourrissent mieux et déterminent moins souvent des indigestions ; mais il faut avoir soin de les étendre en couches minces, pour prévenir l'échauffement.

En prenant ces précautions, M. Magne affirme qu'il n'y a aucun inconvénient à donner le vert à discrétion, à condition qu'on l'administrera peu à la fois et souvent. Il serait fort difficile de fixer exactement les rations.

La quantité de regain de luzerne nécessaire pour nourrir une vache peut varier du simple au double, selon la nature du terrain où il a poussé, et selon que les pluies ont été plus ou moins fréquentes.

Ainsi 35, 40 kilogr., fauchés sur un sol léger après une longue sécheresse, nourrissent aussi bien que 70, 80 kilogr. quand la plante est très-aqueuse.

Nourriture en liberté au pâturage. — Le pâturage est la plus naturelle, la plus facile et, dans certaines contrées, la plus économique manière de nourrir le bétail. En Suisse, on estime qu'une prairie qui, si elle est pâturée, nourrit trois vaches, ne peut en nourrir que deux si elle est fauchée. Les Anglais croient aussi qu'une prairie pâturée fournit plus de substance alimentaire que si elle est fauchée deux fois. Les premières pousses sont plus nutritives que les suivantes. Block estime à 8 pour 100 cet excédant de valeur nutritive.

En outre, lorsque l'herbe a été broutée, elle croît immédiatement avec une plus grande rapidité. L'herbe d'une prairie est coupée presque tous les jours par les dents de l'animal qui y pâture, tandis que, si elle est fauchée, elle n'est coupée que deux fois dans le courant d'un été.

Nourriture au pâturage au piquet. — Ce mode de pâturage a été très-bien décrit par M. Moll. Voici en quoi il consiste : chaque bête, attachée à un piquet par une corde longue de 3 mètres, broute seulement |la partie de la prairie que la longueur de la corde lui permet d'atteindre. On avance dans la prairie en enfonçant successivement le piquet 50 centimètres plus loin. De cette manière, on n'abandonne à la fois aux bêtes qu'un petit espace : elles peuvent pâturer les trèfles sans craindre la météorisation. On évite ainsi les inconvénients du pâturage ordinaire, où les bêtes, par leur fiente et en piétinant, gâtent une grande quantité d'herbe.

J'ai vu le pâturage au piquet appliqué en grand chez M. Ancelin, aux fermes de Balleux (Oise). Cet agriculteur distingué nourrissait autrefois ses vaches, pendant l'été, en leur distribuant des fourrages à l'étable. Les bêtes étaient sorties deux fois par jour pour aller à la pâture. Ce mode d'entretien avait plusieurs inconvénients. La fermentation des fourrages indisposait souvent les animaux, les fatigues qu'on leur faisait éprouver étaient au détriment du lait et de leur entretien ; il y avait aussi des pertes d'engrais assez importantes.

M. Ancelin a adopté le mode de pâturage au piquet, auquel il trouve des avantages considérables sous le rapport de la tranquillité des animaux.

Nourriture d'automne. — Pendant cette saison, le vacher donnera très-utilement des feuilles de betterave, de chou, du sarrasin, des moutardes, qui auront été semées en culture dérobée à la fin de juillet et qu'on fauche en septembre ; les navets qu'on ne peut jamais conserver longtemps, les pulpes de betteraves. Les prés, les trèfles de l'année offrent quelquefois une bonne pâture d'automne très-utile au cultivateur qui a peu de fourrage.

Boissons. — S'il est un animal peu difficile pour la boisson, c'est bien certainement la vache, et cependant elle boit beaucoup. On a souvent remarqué que, loin de chercher le courant d'une onde pure, la vache préfère l'eau d'une mare, même quand elle est chargée de jus de fumier. La raison de cette préférence serait que cette eau contient en dissolution beaucoup de sels produits par la décomposition des substances animales et végétales qui s'y putréfient. N'est-ce pas aussi l'habitude ? Ce qu'il y a de certain, c'est qu'elles boivent avec beaucoup d'attention ; elles semblent humer l'eau de peur de la troubler. Lorsqu'elles sont habitués à l'eau claire, elles la boivent également avec plaisir.

La quantité d'eau que boit une vache est proportionnelle à sa taille et à la nourriture qu'elle prend. Nourrie au sec, elle boit plus que quand elle ne vit que d'herbes. L'herbe aqueuse l'altère moins que l'herbe substantielle. Nourrie au sec en hiver, une vache de moyenne grosseur boit par jour, en deux fois, 20 à 30 litres d'eau; nourrie au vert en été, s'il ne fait pas trop chaud, elle ne boit pas davantage; mais par les grandes chaleurs elle boit plus. Du reste, leur instinct les guide admirablement et elles ne font jamais d'excès de boisson.

L'eau ne peut guère leur faire mal que si elle est froide lorsqu'elles ont chaud, ou bien en été lorsque les mares sont presque taries, et que l'eau sente mauvais.

Il est reconnu que les vaches laitières boivent **plus que les autres.**

Trop souvent le vacher n'abreuve les vaches que le matin et le soir. Cela est insuffisant, si les inconvénients de cette pratique ne sont pas diminués par l'usage du vert, des betteraves, etc.

Il faut dans tous les cas, dit M. Magne, observer

une grande régularité dans la distribution des
boissons. Si une vache ne boit pas à un repas, il ne
faut pas pour cela que le vacher la laisse boire
davantage au repas suivant ; c'est dans des cas
semblables que des excès de liquide introduits dans
les organes digestifs ont le grave inconvénient
d'incommoder les vaches, de diminuer la sécrétion du lait et même de produire des indigestions
mortelles. Les nourrisseurs intelligents mêlent à
l'eau de la recoupette, des tourteaux pour la rendre
nutritive et pour engager les vaches à en prendre
de grandes quantités.

Résumé des conditions nécessaires pour avoir des vaches laitières.

Les conditions nécessaires pour avoir des vaches
laitières dépendent du cultivateur et du vacher.

Le fermier qui élève ne doit conserver pour en
faire des vaches laitières que des sujets nés de femelles et de taureaux de premier ordre.

Lorsque les vaches sont encore à l'état de veaux,
il faut leur donner des aliments de peu de volume
et très-nutritifs, savoir : des farines, du grain ; et
comme fourrage, d'excellent foin, plutôt que du
fourrage vert.

A l'âge d'un an, l'alimentation doit être moins
succulente et l'on doit éviter une surabondance qui
disposerait l'animal à l'obésité, par suite à la stérilité ou à des facultés laitières médiocres.

Il faut faire couvrir les génisses à l'âge de deux

ans, et, dès qu'elles sont pleines, favoriser par une excellente alimentation le développement des organes laitiers, qui se trouvent alors en voie de formation.

Caresser les génisses et manier leurs mamelles, afin que plus tard elles se laissent traire avec plaisir.

Ne pas traire les génisses pendant plus de 4 à 5 mois après la naissance de leur premier veau, de peur que leur croissance n'en souffre ; on doit les nourrir très-abondamment.

A partir du second vêlage, il faut solliciter le plus possible la fontaine mammaire.

« Comme une source, dit Olivier de Serres, abonde d'autant plus en eau que plus nettement elle est tenue et que mieux ouverts en sont les tuyaux, ainsi les vaches sollicitées par le fréquent trayage donnent du lait et en plus d'abondance qu'en y allant nonchalement. »

Il faut traire la vache deux ou trois fois par jour tant qu'elle donne du lait ; cesser pendant une semaine à un mois pendant la mise-bas d'un autre veau.

Veiller à ce que les traites soient faites aux mêmes heures et par la même personne.

S'assurer souvent que les mamelles sont bien épuisées.

Prévenir par une propreté scrupuleuse les accidents et les maladies dont l'inévitable effet serait d'affaiblir les facultés laitières, non-seulement pour le présent, mais encore pour l'avenir. Avant chaque traite, faire laver en hiver les mamelles avec de l'eau tiède ; les graisser si elles se crevassent ; lorsqu'elles s'engorgent, les -vider plusieurs fois par jour et y mettre des cataplasmes émollients.

Faire inscrire sur une ardoise le produit journalier de chaque animal, produit qu'on mesure en plongeant dans le seau un bâton gradué. Examiner souvent cette note, afin de remédier aux négligences que font découvrir les diminutions de lait.

Ne jamais oublier qu'une génisse qui aurait pu devenir bonne vache, en fait une mauvaise par

cela seul qu'on ne la traite pas convenablement.

N'exiger de travail, ni des vaches laitières ni des génisses destinées à le devenir, à moins que ce ne soit pour procurer un exercice modéré à celles qui sont nourries à l'étable ; jamais de fatigue, jamais d'efforts.

C'est dans ces excellents préceptes que M. Gossin a résumé les conditions nécessaires pour avoir des vaches laitières.

Engraissement des vaches.

Le but de l'engraisseur est d'obtenir la plus grande masse possible de chair et de graisse sans développer au même degré les parties inutiles, comme les os et les issues. Pour parvenir à ce but, il faut encore qu'un bon vacher sache non-seulement reconnaître quand une vache doit être mise à l'engrais, mais aussi comment elle doit être traitée.

On engraisse généralement les vieilles vaches et les vaches stériles avant de les livrer à la boucherie.

Le vacher qui est chargé de faire engraisser des vaches doit les faire tarir le plus tôt possible, car les aliments ne peuvent servir à la fois à la production du lait et de la graisse. Le vacher parviendra à faire tarir une vache en aspergeant son pis avec de l'eau froide immédiatement après l'avoir traite. Il la trait ensuite une fois seulement en 24 heures, puis il éloigne de plus en plus les trayages à mesure que le lait diminue, et bientôt il ne trait plus. S'il cessait tout à coup de traire une vache sans avoir pris préalablement ces précautions, il lui surviendrait au pis des engorgements et des abcès.

La vache dont la chaleur n'est pas satisfaite n'a pas la tranquillité qui lui est nécessaire pour engraisser ; aussi le vacher doit-il faire saillir les vaches au moment de les engraisser ; dans ce cas, il faut livrer la vache à la boucherie alors que la gestation est encore peu avancée, car lorsqu'elle approche du terme, la vache maigrit inévitablement.

Tenir constamment les vaches à l'étable dans

une obscurité presque complète, les nourrir assez fortement pour qu'elles engraissent à mesure que la production de leur lait diminue et pour qu'elles soient grasses au moment où elles cessent de produire du lait, sont des conditions indispensables pour un engraissement rapide.

Vaches de travail.

Dans certains départements du centre de la France, dans le Berry, dans le département du Rhône, on utilise les vaches pour les travaux des champs. Plusieurs agronomes ont pensé qu'il serait avantageux de propager cet usage. Ils affirment que l'expérience a démontré que le travail, loin de nuire à leur santé, était, au contraire, favorable aux vaches laitières et ils ajoutent que deux vaches peuvent mener facilement la charrue à un cheval ; seulement il ne faut les faire travailler que pendant quatre ou cinq heures. Ils pensent, enfin, que c'est un très-grand avantage pour un petit propriétaire qui fait valoir lui-même, que d'avoir deux bonnes vaches employées à faire les labours et pouvant néanmoins lui donner autant de lait que si elles ne travaillaient pas. Je n'ai vu ni en Beauce ni en Brie les vaches attelées à la charrue et je ne sais si vraiment, dans les pays où l'on fait labourer ces pauvres bêtes, on peut réellement en tirer parti. Mais, de deux choses l'une, ou l'on veut avoir des vaches laitières, et alors il ne faut pas les soumettre à des efforts trop pénibles, ni les confier à des charretiers qui les brutaliseront; ou l'on veut faire des vaches de trait, et dans ce cas le bœuf serait préférable.

Reproduction.

La taille du reproducteur ne doit être ni trop forte ni trop élevée. Si le reproducteur est trop puissant, le poids de son corps fera fléchir jusqu'à terre le corps de la femelle au moment de l'accouplement. Cette circonstance a souvent pour résultat la stérilité, ou un fœtus disproportionné, ou des produits faibles et excessifs.

Dès l'âge d'un an, un taurillon, s'il a été bien nourri et s'il est d'une bonne constitution, est déjà capable de saillir. Mais les propriétaires qui les font saillir dès cet âge et les coupent ensuite pour en faire des bœufs n'ont jamais de bons taureaux ni de beaux bœufs. Néanmoins, il est aujourd'hui reconnu que le taureau peut être utilisé pour la propagation dès l'âge de dix-huit mois, et on est convaincu que les produits de ces animaux sont ordinairement plus grands et se développent plus rapidement que ceux qu'on a obtenus d'un taureau de cinq et de six ans. Aussi, d'après l'avis des savants et des praticiens, toutes les fois qu'on aura pour but de faire des veaux de boucherie ou d'obtenir une grande quantité de lait, on se servira avec avantage d'un étalon plus jeune, car les veaux qui en proviennent sont plus gros et s'accroissent plus rapidement.

Si, au contraire, on a l'intention de faire des bêtes de travail, c'est-à-dire des bœufs vigoureux, bien membrés et fortement musclés, il faut donner la préférence à des taureaux de quatre, cinq, et même

six ans qui aient acquis non-seulement tout leur
développement, mais dont les os, les muscles et en
général tous les organes se soient fortifiés et en-
durcis. Car un taureau dont la constitution ne sera
pas encore complétement formée, qui aura conservé
cette mollesse, cette élasticité de la fibre, cette rapidité d'accroissement qui caractérisent le jeune âge,
devra nécessairement les transmettre à ses produits, qui hériteront ainsi de ses qualités et de ses
défauts : qualités pour des veaux qui doivent être
sacrifiés jeunes; défauts, s'ils sont destinés à former
des animaux vigoureux et propres à résister aux
fatigues des champs.

Nous avons vu qu'à l'âge d'un an et demi le
taureau peut être admis à remplir ses fonctions de
reproducteur ; mais ce n'est qu'à partir de l'âge de
deux ans qu'il doit être employé à la monte d'un
troupeau nombreux. Le nombre des vaches peut
être de 70 à 80 au maximum ; il devrait être réduit
à 40 ou 50 si les accouplements se prolongeaient
pendant toute l'année, ou si le taureau était obligé
de suivre journellement le troupeau sur des pâturages éloignés de la ferme ou de la commune.

Un nombre plus élevé de femelles, quelles que
soient d'ailleurs la nourriture et la constitution du
reproducteur, l'énerverait et l'épuiserait avant l'âge
de quatre ou cinq ans. Dans ce cas, non-seulement
la postérité est exposée à porter les traces des fatigues et des excès qu'on aura fait commettre impru-
demment au reproducteur, mais il arrive encore fréquemment qu'un grand nombre de femelles restent
stériles.

Toutefois, si un troupeau trop nombreux est pré-
judiciable à la constitution du taureau, par contre

un nombre insuflisant de vaches a également de très-grands inconvénients, parce qu'il produit chez l'animal un caractère intraitable.

Placé dans de bonnes conditions, le taureau peut desservir le troupeau depuis l'âge de 18 mois jusqu'à l'âge de 8 et 10 ans. Pour conserver la vigueur qui assure la fécondité, le taureau doit recevoir une nourriture abondante, substantielle, mais qui ne soit pas de nature à l'engraisser outre mesure. Les taureaux trop gras, outre qu'ils deviennent lourds, sont peu féconds et aussi peu enclins à l'acte génital. Un travail modéré, qui a l'avantage d'ailleurs de leur assouplir le caractère et de les rendre plus maniables, tout en diminuant les frais de leur entretien, contribue par un exercice salutaire à développer la vigueur,

Pendant la saison de la monte, le bouvier aura soin d'ajouter à la ration un peu d'avoine qui excite sans pousser à la graisse.

En dehors de la saison des amours, le taureau redevient un animal travailleur comme les autres et plus qu'eux encore en raison de la plus grande force dont il dispose. L'oisiveté complète le rendrait farouche ou obèse, c'est-à-dire dangereux ou infécond.

Lorsqu'ils doivent être livrés au boucher, c'est comme bêtes à l'engrais qu'ils sont traités.

A ce point de vue, les Allemands sont d'avis qu'il faut réformer les taureaux dès l'âge de quatre ans, parce que, disent-ils, ces animaux sont encore en âge de supporter la castration et ils deviennent ainsi d'excellentes bêtes de boucherie ou de travail, possédant même plus de force et de vigueur que s'ils avaient subi l'opération à un âge moins avancé.

Dans presque tous nos petits villages, le taureau

de la grande ferme sert d'étalon à toutes les vaches
des particuliers, moyennant une rétribution pour
chaque saillie. Au point de vue de leur efficacité
et aussi dans l'intérêt hygiénique de l'animal, il
importe de ne pas dépasser deux saillies par jour.
M. Veckerlin a du reste parfaitement tracé les rè-
gles à suivre à cet égard et nous les recommandons
aux propriétaires et aux bouviers.

Un jeune taureau d'un an et demi à deux ans
ne sera admis à saillir, au commencement, que tous
les quinze jours, plus tard tous les huit jours, et
jusqu'à l'âge de trois ans révolus, jamais plusieurs jours consécutifs ni plusieurs fois par jour.

D'après une moyenne de données et d'expériences,
on pourrait établir les principes suivants : à de jeunes
taureaux qui débutent on ne livrera d'abord que 25
à 30 vaches par année ; à un taureau dans sa meilleure force, de deux à quatre ans, on peut, si la saillie
se répartit sur toute l'année, accorder 75 vaches ; si
la saillie est bornée à un temps plus court, seulement
40 vaches ; au taureau qui devient plus âgé, on ne
donnera à couvrir que 30 à 40 vaches environ
par an.

Dans une exploitation où l'on tient des vaches et
des génisses, il est convenable d'avoir habituellement, pour 40 ou 50 têtes, un taureau robuste et, à
côté de celui-ci, un jeune élève qui commence d'a-
bord à servir pour les génisses, supplée de plus en
plus le taureau qui prend de l'âge, et finit par le
remplacer totalement.

Toutefois, les cas ne sont pas rares où l'on répartit pour toute l'année à un taureau bien nourri
et robuste 100, 110 et jusqu'à 125 vaches sans qu'il
y ait d'inconvénients.

Mais ce dont il faut bien se garder, c'est d'abandonner le taureau à ses instincts et surtout plusieurs taureaux au milieu d'un troupeau de vaches. Dans le premier cas, l'unique taureau s'épuise par des saillies répétées, et dans le second, les deux taureaux s'épuisent dans des combats continuels.

La seule façon hygiénique, dit M. Sanson, de faire exécuter la monte est donc de conduire en main le taureau à la femelle qu'il doit saillir, ou de les enfermer tous deux dans un enclos; la monte en main est toutefois préférable.

Il y a tout avantage, sous divers rapports, à ne

point loger les taureaux dans une habitation isolée, à moins qu'ils ne soient nombreux. En temps ordinaire l'instinct génésique sommeille chez eux; le mieux est de les placer à l'une des extrémités de l'étable des vaches. C'est ainsi qu'on procède dans la plupart de nos grandes fermes.

Dans l'état sauvage, les vaches ont sans doute une époque à peu près fixe dans l'année où elles deviennent en chaleur. Mais la domesticité a modifié la nature. Dans nos climats, les vaches reçoivent le taureau en tout temps; on remarque cependant qu'en général elles ont plus de disposition à le recevoir au printemps et en été. Par des arrangements d'économie, de nourriture et par des circonstances particulières, on parvient, dit Tessier, à ne faire couvrir la majeure partie d'un troupeau de vaches que dans la saison la plus favorable au but qu'on se propose. Souvent dans nos plaines de la Beauce, les fermiers font couvrir leurs vaches en hiver afin d'avoir des veaux en automne et du lait en hiver, saison où les veaux et le lait sont plus chers; mais les paysans qui ont peu de ressources pour nourrir leurs vaches en hiver, font en sorte qu'elles se remplissent en été, afin que les veaux naissent au printemps, où l'on trouve l'herbe en abondance. Mais quels que soient les intérêts des propriétaires pour l'époque de l'accouplement, les vaches subissent un phénomène intérieur de ponte périodique, manifestée extérieurement par certains signes, par certains changements dans leur manière d'être qui les mettent en cet état connu sous les noms de rut ou de chaleur. Cet état, qui les porte à rechercher le mâle de leur espèce, est le seul dans lequel la fécondation puisse s'effectuer, parce qu'il est le seul dans lequel il existe au sein des organes génitaux de la femelle des ovules mûrs et susceptibles de recevoir l'imprégnation de l'élément mâle. Une fois mûrs et pondus, ces ovules s'altèrent bientôt et ne sont plus propres à se développer s'ils n'ont pas reçu l'imprégnation dans un délai déterminé.

On comprend par là combien il importe que *tous signes extérieurs de la ponte ou des chaleurs* soient saisis en temps utile chez les vaches qui ne vivent point en liberté avec des taureaux. Car, le délai naturel, une fois passé, l'accouplement peut encore avoir lieu, mais non la fécondation ; et la persistance même de ces signes d'excitation génésique, rendant nécessaires des accouplements successifs et toujours inefficaces, a le plus souvent pour conséquence la production d'un état pathologique qui est un véritable fléau. Les bêtes en cet état sont connues sous le nom de *taurelières*. Toujours en proie aux ardeurs utérines que rien ne peut calmer, d'autant plus excitées qu'elles s'accouplent plus souvent et désormais incapables de produire des ovules susceptibles d'être fécondés, elles maigrissent, s'épuisent, deviennent phthisiques et meurent.

Le vacher peut empêcher les vaches de devenir taurelières en surveillant l'apparition de leurs chaleurs avec une attention scrupuleuse, en faisant exécuter l'accouplement dès qu'elles sont nettement accusées.

Les vachers ou vachères en connaissent les signes, faciles d'ailleurs à distinguer.

Les chaleurs peuvent durer jusqu'à huit jours ou disparaître dans les 48 heures même lorsque la vache n'a pas été fécondée, pour se montrer de nouveau quelques jours après. L'accouplement fécond les fait ordinairement cesser, mais non pas toujours.

L'époque à laquelle apparaissent les chaleurs varie chez les jeunes femelles qui ne sont pas encore accouplées. Cela dépend de leur tempérament et des conditions dans lesquelles elles ont été élevées. Chez quelques-unes l'instinct génésique n'attend pas, pour se montrer, au-delà du printemps qui suit la première année de leur naissance; chez la plupart il ne se manifeste que vers la fin de la seconde année.

Les vaches déjà mères subissent à cet égard les habitudes qu'on leur fait prendre. La considération qui guide pour le choix du moment de l'accouplement, et par conséquent de celui de l'apparition des chaleurs, est tout économique: elle a pour but de laisser s'écouler, entre la parturition et la fécondation nouvelle, le plus long temps possible, afin que la période de pleine lactation, qui est la plus profitable, soit prolongée. Les choses sont ordinairement combinées de façon que les vaches, donnant un veau par an, mettent bas chaque année à la même époque. Comme elles portent environ neuf mois, c'est trois mois après de vêlage qu'elles sont livrées au taureau.

Cela se règle assez facilement par le régime auquel les vaches sont soumises. L'activité des mamelles, durant les premiers temps de la fonction, modère d'ailleurs beaucoup l'instinct génésique, et il y a quelquefois lieu de le stimuler par une nourriture excitante et par les provocations du taureau, lorsqu'il ne se montre pas spontanément au moment voulu.

Dès que l'acte est accompli, le vacher devra autant que possible laisser la bête en repos pendant deux ou trois heures. En général, on prend dans ces circonstances beaucoup moins de soin des vaches que des chevaux. C'est un tort grave, qui a bien son influence dans l'abâtardissement de notre gros bétail.

Quelquefois on jette un seau d'eau fraîche sur la vache à la suite de la saillie, on la fait courir pendant quelque temps, on lui frotte rudement le dos avec un bâton. Cette pratique ridicule et dangereuse doit être évitée.

C'est une question du ressort de l'hygiène que celle de savoir à quel âge il convient de faire féconder les génisses.

Si l'on n'avait à tenir compte que de la conservation de l'espèce avec ses attributs naturels les plus développés, certes elle ne comporterait qu'une seule solution. Il faudrait attendre le moment le plus voisin de l'âge adulte, celui du développement à peu près complet. Mais, dans ces conditions absolues, le prix de revient des produits dépasserait le plus souvent leur valeur industrielle et commerciale. En ce qui concerne le bétail, le point de vue économique est dominant.

M. Chazely a soutenu que les génisses prématurément fécondées se montraient meilleures laitières que les autres, tout en reconnaissant que la gestation hâtive exerce sur le développement de ces génisses une influence fâcheuse. Cette opinion a besoin d'être vérifiée.

M. Sanson fait observer avec raison que le moment le plus favorable pour le premier accouplement des génisses qui doivent accomplir aussi bien que possible leurs diverses fonctions économiques de mères, de laitières et de bêtes de boucherie à l'expiration de leur carrière productive, est celui qui leur permet de faire leur veau lorsqu'elles ont 4 dents incisives d'adulte ou de remplacement.

Le savant professeur de Grignon indique ce signe et non pas l'âge en mois ou années, parce que, en raison du phénomène de la précocité du développement qui se généralise de plus en plus dans les races bovines, il a une valeur précise. Telle bête qui n'a que 15 à 18 mois peut être aussi développée que telle autre à deux ans et plus. Le phénomène de la précocité manifesté à l'extérieur par l'éruption hâtive des dents d'adultes s'étend à toutes les fonctions.

Dès que la femelle a été fécondée, la chaleur cesse. Cependant il arrive quelquefois qu'elle se reproduit dans le cours de la gestation.

Il faut autant que possible éviter un nouvel accouplement. Il peut en résulter pour la vache, et surtout pour le petit qu'elle porte, des inconvénients graves et même des accidents capables de compromettre la vie de la mère et celle de son produit.

Gestation.

L'état de gestation se manifeste d'abord chez la vache, comme chez les autres femelles, par la disparition du rut. S'il arrive que les chaleurs persistent encore durant quelques jours, c'est que la fécondation a eu lieu avant que la ponte périodique fût complète.

Les signes de l'état de plénitude sont très-obscurs pendant les quatre premiers mois, parce que le fœtus n'a pas encore pris un développement considérable et que ses mouvements sont peu appréciables. Cependant on peut soupçonner qu'une vache est pleine, quand depuis son accouplement elle n'a plus présenté de signes de chaleur et que, étant à lait, elle tend à engraisser. C'est une remarque générale en effet que cette disposition à l'engraissement chez les femelles fécondées. Aussi les nourrisseurs qui veulent engraisser leurs vaches de réforme pour les vendre comme bêtes de boucherie ont-ils l'habitude de les faire saillir pour les y disposer plus facilement et plus rapidement.

C'est entre quatre et cinq mois que le ventre de la vache commence à prendre un volume plus considérable. On peut alors sentir les mouvements du petit à travers les parois du ventre. C'est sur le côté droit que cette exploration doit être faite, parce qu'en effet la matrice est située plus spécialement dans le flanc droit. Pour cela, on presse fortement avec le poing fermé et appliqué contre les parois abdominales et l'on imprime une ou deux secousses rapides ; les secousses se communiquent à l'eau contenue dans la matrice et au fœtus qui y est renfermé, et celui-ci, excité par elle, fait ordinairement quelques mouvements qui sont alors perçus par la main restée appliquée sur le flanc de l'animal. Plus tard, à cinq ou six mois, ces mouvements deviennent de plus en plus manifestes, à tel point qu'il sont visibles à l'extérieur par les ondulations qu'ils communiquent aux parois du ventre.

Il arrive quelquefois qu'on croit une vache pleine quand elle ne l'est pas. J'ai été témoin de ce fait,

Une jeune vache qui avait déjà eu un veau fut conduite au taureau. Au bout de quelques mois elle prit de l'embonpoint, on crut qu'elle était pleine. Un vieux cultivateur expérimenté l'examina et déclara qu'il avait senti le veau remuer. Vers le septième mois, le lait de la vache était moins abondant, il devint amer ; on était persuadé que cette bête ne tarderait pas à vêler, et on cessa de la traire. Mais les neuf mois passés, on soupçonna que la vache n'était pas pleine ; on fit venir le vétérinaire, qui confirma cette opinion : la vache qui ne donnait pas de veau n'avait plus de lait. Dans ce cas, si la bête est jeune et a de la valeur, il faut la conduire de nouveau au taureau, sinon il faut l'engraisser et la livrer à la boucherie.

Des soins à donner aux vaches pendant la gestation.

Pendant la gestation on ne doit employer les vaches ni au charroi, ni au labourage ; et s'il y a force majeure, le vacher les ménagera, il évitera de leur laisser sauter des fossés ou des haies, de les exposer aux grandes pluies ou aux grands froids et de les frapper ; il aura soin qu'elles ne soient pas pressées en entrant à l'étable ou en sortant. Il fera en sorte que le sol sur lequel elles reposeront soit horizontal et non incliné, ainsi que cela se pratique habituellement pour faciliter l'écoulement des urines. Car si une vache est couchée sur un plan ainsi incliné, toute la masse des intestins et surtout les estomacs distendus par les aliments, tendent à refouler la matrice, à la presser et par conséquent doivent nuire à son libre développement et à celui du petit qu'elle contient. Aussi certains éleveurs ont-ils proposé de disposer l'inclination de l'aire de telle sorte que l'arrière-train fût un peu plus élevé que l'avant-train, afin de dégager la matrice. Enfin quelques autres ont fait incurver le sol pour que le ventre de la vache fût moins pressé.

Le vacher aura soin de donner de l'air à l'étable où se trouvent une ou plusieurs vaches pleines, de façon qu'il n'y fasse pas trop chaud.

Il évitera de leur faire manger des aliments de mauvaise qualité ; il ne les conduira pas dans des pâturages trop humides et marécageux, mais dans des pâturages substantiels. Si c'est en hiver, on leur donnera à l'étable du son, de la luzerne ou du sainfoin ; par ce moyen on préviendra plusieurs causes d'avortement. Tessier a été des premiers à signaler la contagion parmi les causes d'avortement ; nous reviendrons plus tard sur cette question.

Enfin si une vache est trop sanguine ou trop faible, on la saignera ou on lui donnera des substances capables de la fortifier.

Lorsque la vache pleine est une génisse qui n'a pas encore vêlé, le vacher ou la vachère lui maniera souvent le pis pendant la gestation, afin qu'elle s'accoutume au toucher et qu'elle se laisse traire facilement. Six semaines ou deux mois avant qu'une vache mette bas, on cesse de la traire. Le fœtus a besoin de tout le lait, qui du reste dans les derniers temps est de mauvaise qualité. Un certain nombre de vaches tarissent naturellement un mois ou même trois ou quatre mois avant de vêler ; ce ne sont pas de bonnes vaches, car les bonnes vaches ne tarissent jamais ; si l'on cessait de les traire, leurs mamelles s'engorgeraient. On peut du reste, pour faire tourner le lait au profit du fœtus, ne traire les vaches sur la fin de la gestation d'abord qu'une fois par jour, ensuite tous les deux ou trois jours, en éloignant peu à peu les intervalles. Il est bon de faire observer que ce ne sont pas celles qui ont le plus de lait qui le conservent le plus longtemps.

La gestation dure, dit-on, neuf mois ; mais elle se prolonge presque toujours au-delà ; la plupart des vaches font leurs veaux au commencement du dixième, en sorte qu'on peut dire que la vache porte en moyenne 285 jours.

Parturition ou vêlage. — Lorsque pendant la gestation le vacher ou la vachère a bien soigné ses bêtes, celles-ci vêlent avec la plus grande facilité ; il est rare qu'on ait besoin de les aider. Du reste, le vacher, s'il a eu le soin de bien mettre en note l'époque de la saillie, s'il connaît les signes précurseurs, ne peut guère se tromper sur l'époque de la parturition ; et alors il doit redoubler de surveillance. En effet, il remarquera :

1° Que le ventre qui a pris tout son développement, s'affaisse sensiblement dans les derniers jours qui précèdent le part.

2° Les pis se gonflent, deviennent chauds et le lait s'y forme. Ce phénomène est très-remarquable et caractéristique chez les génisses qui font un veau pour la première fois ou chez les vaches qui ont perdu leur lait avant l'époque du part. Certaines vaches laitières fournissent du lait pendant toute la gestation et chez elles, par conséquent, ce phénomène n'a rien de caractéristique. Seulement le lait sécrété dans les derniers temps de la gestation est en général beaucoup plus clair, moins crémeux ·et d'assez mauvaise qualité pour ne devoir pas être employé à la nourriture de l'homme.

Le vacher remarquera encore le gonflement des parties sexuelles qui deviennent chaudes et laissent écouler une grande quantité d'un liquide épais, filant et souvent mêlé d'un peu de sang. La bête donne quelques marques d'inquiétude qui sont l'indice des premières douleurs et qui ne tardent pas à s'accompagner de piétinements des membres postérieurs. A ce moment, la distension des ligaments qui unissent les os du bassin détermine de chaque côté de la queue une dépression très-prononcée.

Les eaux, qu'on appelle *mouillures*, ne tardent pas à se montrer : elles proviennent d'une poche remplie d'eau qui vient faire saillie à l'extérieur et se tend à chacun des efforts expulsifs faits par la vache. Le vacher se gardera bien de crever cette poche, dont la présence favorise la distension successive des organes sexuels. Elle doit se rompre naturellement.

Chez les bêtes de races perfectionnées qui ont les os minces, la tête petite, le bassin large, le part est généralement facile. Un des inconvénients que l'on a éprouvés quand on a voulu améliorer des races communes par de grands taureaux suisses, c'est que les veaux avaient d'énormes têtes, qui rendaient les accouchements pénibles et dangereux.

Quand le veau est pour sortir, il offre généralement une position et un arrangement très-propres à favoriser la dilatation des organes; ce sont les pieds

des membres antérieurs qui se montrent les premiers; la tête et le cou sont allongés et appliqués
sur la partie supérieure de ces membres, de manière
à représenter une sorte de corne dont la pointe est
dirigée en avant. Dès que les pieds sont dégagés
au dehors, ils sont bientôt suivis du reste du
membre; puis apparaissent successivement le bout
du museau et le reste de la tête, et bientôt le nou-
veau-né est sorti tout entier. Le vacher peut faciliter la sortie en tirant le veau par les pieds; ces
tractions doivent se faire en même temps que la
vache travaille mais tant que la vache a assez de
force, et si la position du veau est normale, il vaut
mieux laisser agir la nature.

Quelquefois le part est difficile, soit par suite de
l'état maladif ou de la mauvaise conformation de la
bête, ou bien par la maladresse et l'ignorance de
ceux qui veulent hâter le part, ou, enfin, par la
mauvaise position ou par l'excès de volume du veau.

Quand une vache est épuisée et qu'elle n'est plus
en état de faire les efforts nécessaires pour sa délivrance, le vacher pourra ranimer ses forces en lui
donnant à boire un demi-litre de vin; si, au contraire, la bête est jeune, grasse et dans un état
d'exaltation qui mette obstacle à sa délivrance, une
saignée la hâtera.

Nous ferons remarquer que trop souvent il arrive des accidents par l'ignorance de vachers qui
ne savent pas attendre, qui veulent aider par des
tractions, et qui meurtrissent, enflamment ou dé-
chirent des organes délicats. Ils ignorent que l'étroi-
tesse de la charpente osseuse du bassin forme seule
la difficulté du passage; ils prétendent élargir la
vache, ils introduisent la main lorsque souvent le

col de la matrice n'est pas encore ouvert ; enfin, ils tirent, sans précaution comme sans pitié, dès qu'ils peuvent atteindre les pieds du veau. Et, comme le fait observer avec beaucoup de raison Villeroy, l'introduction réitérée de la main occasionne la tuméfaction et l'enflammation des organes génitaux, la délivrance est retardée, et il peut en résulter la gangrène. En tirant inconsidérément, on fait avancer les épaules et la poitrine du veau, mais souvent la tête ne bouge pas, et la difficulté du passage est ainsi augmentée. Il faut donc attendre.

Les soins que réclame la vache pendant le travail de la parturition sont les suivants : elle doit être mise à part, dans une étable séparée ou dans un endroit de l'étable plus espacé ; le vacher la laissera parfaitement en repos, sans la tourmenter ; puis, si c'est une génisse qui vêle pour la première fois et dont les organes n'ont pas encore été dilatés, le vacher devra, à l'aide de lavements, débarrasser les gros intestins des matières plus ou moins solides qui auraient pu s'y accumuler, et dont la présence pourrait porter obstacle au passage du fœtus à travers la filière. Si les parties sexuelles sont très-gonflées, chaudes, il faut les laver avec des décoctions de graine de lin et de racine de guimauve, afin de diminuer l'irritation dont elles sont le siége et par conséquent faciliter leur dilatation. Il est encore un moyen qui aide beaucoup à dilater les organes que le fœtus doit franchir, c'est de soulever fortement la queue.

Enfin, le veau tombe et son propre poids entraîne la rupture du cordon ombilical ; il est rare qu'une hémorragie en rende la ligature nécessaire. Si, au contraire, la mère est couchée, elle coupe le cordon en le mâchant avec les dents, à moins que le vacher ne soit là pour le couper avec des ciseaux. Il est, du reste, inutile d'en faire la ligature.

Le plus souvent aussi, dans les accouchements à terme, le délivre suit presque immédiatement la sortie du veau, c'est-à-dire que le placenta et toutes les membranes qui l'enveloppaient lorsqu'il était encore contenu dans la matrice, sont expulsés au dehors. Et si l'on n'a pas soin d'enlever ce délivre, la vache, comme les femelles des autres animaux herbivores et carnassiers, dévore en peu de temps cette masse épaisse et spongieuse sans en éprouver le moindre mal. Mais si cela n'a pas lieu, on peut le lui retirer; pour cela, il faut une main exercée qui en facilite la désagrégation au moyen de petites tractions. M. Sanson conseille, en cas d'insuffisance des tractions, un procédé qui consiste à y attacher un poids de quelques centaines de grammes; il paraît que l'effort permanent ainsi exercé sur le délivre provoque sa sortie complète au bout d'un certain nombre d'heures. Villeroy dit, au contraire, qu'on doit toujours s'abstenir de tirer le délivre par l'extrémité qui apparaît à l'extérieur; on pourrait déterminer par là une chute de la matrice. Nous conseillerons aux vachers de suivre ces principes de prudence. Du reste, on peut faciliter la sortie du délivre par des injections émollientes et en appliquant sur les reins de la vache une toile ou un sac trempé dans l'eau froide et qu'on humecte fréquemment; le délivre tombe alors ordinairement au bout de quelques heures; du reste, il importe que son séjour dans l'utérus ne se prolonge pas, il s'y putréfie vite, et peut provoquer alors de graves accidents d'infection.

Soins à donner à la vache et au veau. — Le vacher doit avoir soin, aussitôt que la vache a vêlé, de l'essuyer, de la bouchonner et de lui mettre une couverture de laine sur le dos, pour la garantir du refroidissement. Il placera devant elle un seau rempli d'eau tiède dans laquelle il aura délayé quelques poignées de son qu'il renouvellera de temps en temps, car, après le travail de la parturition, la vache est souvent tourmentée par la soif. Le vacher devra encore, pendant les huit premiers jours, ne la nourrir que de bon foin et en petite quantité ; si la vache est en bon état, et habituellement bien nourrie, il est prudent de la mettre, huit jours avant le vêlage, à une nourriture légère et rafraîchissante.

Les bonnes laitières au moment où elles mettent bas sont exposées à avoir le pis enflé, rouge et douloureux ; mais ce mal n'est pas dangereux. Après que le veau a tété, le vacher doit traire la vache à fond aussitot que possible : on lui procurera ainsi un grand soulagement. On peut encore frotter le pis de la vache avec du saindoux et avec le lait même de la bête. Dans un cas de forte enflure qui s'étendait sous le ventre, Villeroy dit qu'il a employé avec succès des fumigations de fleur de sureau. Pour pratiquer ces fumigations, on étend sur la vache un drap qui concentre la fumée et on brûle les fleurs de sureau sur un petit réchaud qu'on promène sous la bête.

Quant au veau, aussitôt après sa naissance, il est de la part de sa mère l'objet de soins empressés : elle le lèche, afin de le débarrasser de cet enduit à la fois muqueux et gras qui s'est déposé sur lui pendant son séjour au milieu des eaux de l'amnios.

Cette opération, dit Grognier, a un double effet : elle nettoie la peau de l'humeur visqueuse que les eaux de l'amnios y ont déposée et qui deviendrait acrimonieuse par le contact de l'eau et du fumier ; elle excite doucement la peau et par sympathie tout l'animal ; le petit est plus disposé à se lever et à saisir le mamelon.

Cependant la vache, surtout si elle est à son premier veau, néglige quelquefois de le lécher. On doit alors l'y exciter en répandant sur le petit un peu de son ou mieux encore du sel, dont les vaches sont si friandes. Mais on doit à ce moment surveiller la **mère,** car quelquefois on la voit *mordiller* le petit jusqu'au sang. Le vacher aura surtout soin de l'empêcher de lécher trop longtemps la place du cordon ombilical ; c'est dans ce point en effet que des hémorragies graves et souvent mortelles sont le plus à redouter.

Une dernière observation. Dans beaucoup de villages on ne veut pas faire téter au veau le premier lait, parce que son aspect incolore, séreux, lui fait attribuer des propriétés malfaisantes. C'est là une erreur : ce premier lait a une vertu purgative, qui est au contraire fort utile pour débarrasser l'intestin du veau, des matières qui s'y sont accumulées pendant qu'il était dans le ventre de sa mère. Beaucoup d'accidents mortels, suite de la non-expulsion de ces matières durcies, sont dus à la pratique vicieuse de traire les vaches qui viennent de vêler et de jeter leur premier lait, au lieu de le laisser prendre à la mamelle par le jeune veau.

Allaitement.

Dans les pays d'élèves, dans les grands pâturages, en un mot dans toutes les localités éloignées des grands centres de population, la production du veau, c'est-à-dire d'un nouvel individu ajouté au troupeau, est le but principal qu'on se propose en rendant mère une vache ou une génisse.

Mais quand on est placé de manière à vendre facilement et avantageusement le lait ou les produits qu'on en tire, le veau n'est que la partie accessoire; la production du lait est, au contraire, l'objet principal et presque exclusif de la saillie.

Certaines personnes croient que le lait a en quelque sorte besoin d'être renouvelé chaque année, par une nouvelle parturition. MM. Payen et Richard font observer que cela est vrai pour certaines vaches chez lesquelles la lactation diminue sensiblement au bout de quelques mois et chez lesquelles même elle finit par se tarir complètement. Dans ces cas il faut profiter du moment où la vache devient en chaleur pour la conduire au mâle et ranimer par ce moyen sa faculté de donner du lait. Mais il existe un grand nombre d'excellentes laitières chez lesquelles la lactation se prolonge une, deux, trois années et même au-delà sans cesser un instant; il a suffi d'une première parturition pour leur donner cette faculté de sécréter d'une manière continue un lait abondant et toujours riche en principes nutritifs.

On se gardera donc bien de rien changer à l'état

d'une vache tant qu'elle donnera du lait de bonne qualité et en quantité suffisante, le lait ancien étant aussi bon que le lait renouvelé.

Rien n'est plus gauche qu'un veau qui vient de naître : il ne sait la plupart du temps comment se tenir sur ses pattes. Le vacher doit le soulever, le soutenir avec précaution, faire bien attention à ne pas exercer de pression sur son dos.

Lorsque le part a été difficile et que le veau a souffert pour venir au monde ou qu'il est naturellement faible, il reste plusieurs heures après sa naissance sans chercher à téter sa mère. Dans ce cas, le vacher doit traire la vache dans un vase et faire boire le veau pendant que le lait est chaud. Il l'excitera à boire en introduisant le doigt dans sa bouche, et le veau tétera comme si c'était un trayon. Si sa faiblesse est encore plus grande, on lui fera avaler un bon verre d'eau et de vin sucré bien chaud.

Dans les pays où l'élevage du bétail est le mieux pratiqué, en Suisse, en Hollande, on fait boire les veaux au baquet. Cette méthode nécessite plus de soins, mais elle est préférable. Les veaux ainsi nourris coûtent beaucoup moins cher à élever; on modifie peu à peu leur nourriture et on les sèvre sans accidents et sans qu'il en résulte du retard dans leur croissance. Cette méthode est bonne quand la sécrétion est assez abondante pour qu'une partie du lait puisse faire l'objet d'une spéculation industrielle; on a alors avantage à ne point laisser téter le veau et à prélever sur le produit de la traite ce qui est nécessaire pour son allaitement.

Lorsque l'aptitude laitière de la vache est tout juste suffisante pour l'allaitement du nourrisson, il

y a avantage à le laisser téter, car il est plus expert que personne à extraire son aliment de la mamelle.

Il y a aussi des vaches chez lesquelles l'amour maternel est si énergique, qu'on ne peut sans danger leur enlever leurs veaux.

En outre, il peut convenir, comme le fait oberver Villeroy, de laisser téter les veaux, parce que, la succion favorisant l'extension des vaisseaux lactés, attire le lait et en augmente la production, tandis que la vache que l'on trait retient souvent son lait, ce qui peut la rendre malade. C'est pour éviter cet inconvénient qu'il est bon qu'une génisse soit tétée par son premier veau pendant une quinzaine de jours.

Élevage, nourriture et sevrage des veaux.

Il y a, comme nous l'avons vu, deux méthodes différentes pour nourrir les veaux : 1° l'allaitement naturel, 2° l'allaitement artificiel. Mais, quelle que soit celle de ces deux méthodes que l'on adopte, le veau doit être séparé de sa mère quelques jours après sa naissance et placé dans une autre partie de la même étable ou dans une étable diffé-rente. Ce qui importe aussi, avant tout, dans l'allai-ment, c'est que les repas du nourrisson soient réglés.

Quand le veau suit l'allaitement naturel, on le conduit trois fois par jour à sa mère, le matin, le soir et vers le milieu de la journée. Et, comme chez une bonne laitière, la quantité de lait sécrétée excède celle qui est nécessaire au jeune animal, il faut traire la vache d'un côté tandis que son petit la tette de l'autre. Lorsqu'il est complétement rassasié, on devra s'assurer s'il reste encore une certaine quantité de lait dans le côté qu'il a tété et le traire avec soin ; il importe, chaque fois, de bien extraire tout le liquide sécrété, car non-seulement celui qu'on y laisserait serait résorbé, par conséquent disparaîtrait et serait perdu, mais il pourrait encore déterminer des engorgements qui exerceraient une fâcheuse influence sur la lactation.

Quand la vache vêle pour la première fois, elle peut être chatouilleuse et le petit a beaucoup de peine à sucer le trayon. On aurait évité cet inconvénient si, un mois ou deux avant le part, le vacher avait accoutumé la bête à se laisser toucher le pis et les trayons. C'est par des moyens de douceur, par des caresses, avec quelques friandises qu'on finit par vaincre l'espèce de répugnance que les jeunes vaches éprouvent à ce moment.

Dans les pays où les vaches sont menées au pâturage, les veaux doivent rester à l'étable et ne peuvent téter leur mère que le matin avant le départ et le soir au retour de la prairie.

Le vacher aura soin de ne pas laisser ensemble et en liberté plusieurs jeunes veaux, car, dans ces cas, il leur arrive ou de se téter mutuellement, ou de se lécher ; ces deux habitudes les font maigrir et il est quelquefois très-difficile de les ramener en bon état.

L'allaitement naturel ne doit être mis en pratique, selon Payen et Richard, que dans les pays où le lait a peu de valeur et où le prix de la vente du veau excédera le prix du lait qu'il aura consommé.

Mais, si l'on habite un pays où le lait se vende facilement et à un bon prix, 20 cent. le litre par exemple, l'allaitement naturel doit être rejeté, parce que

dans ce cas le veau consomme beaucoup plus qu'il
ne gagne.

Cependant on doit adopter exclusivement l'allaitement naturel pour les veaux qu'on destine à devenir **des étalons**.

L'allaitement artificiel peut se faire de différentes
manières. Tantôt il se compose en partie de lait auquel on ajoute des farines de diverses natures, dont
on fait des soupes ou des bouillies, tantôt le lait
est presque entièrement exclu, et on le remplace, soit
par de l'eau blanchie, soit par du petit lait ou du
lait de beurre, toujours avec l'addition de grains
réduits en farine.

Voici la méthode indiquée par un praticien distingué, F. Villeroy :

On doit donner aux veaux assez, jamais trop, à
des heures réglées, et leur nourriture, convenablement préparée, doit aussi avoir la température convenable. On élèvera ainsi à peu de frais de beaux
veaux et dans toutes les saisons. On leur laisse
pendant dix jours le lait de leur mère, qu'ils boivent ou tettent trois fois par jour.

Ce temps écoulé, le lait est écrémé, c'est-à-dire
qu'on donne au veau le lait trait douze heures au-
paravant, dont on a enlevé la crème et qui est encore tout à fait doux.

On le fait tiédir, et la ration ordinaire d'un veau
est d'environ 5 litres le matin, autant le soir; rien
à midi, à moins que les œufs ne soient abondants;
alors on lui en fait avaler deux avec la coquille. On
brise le germe de l'œuf, on le met dans la bouche
du veau ; on achève de le briser en l'enfonçant dans
son gosier. La coquille, substance calcaire, est con-
sidérée comme utile à la digestion.

Le veau est ainsi nourri de lait écrémé et pur

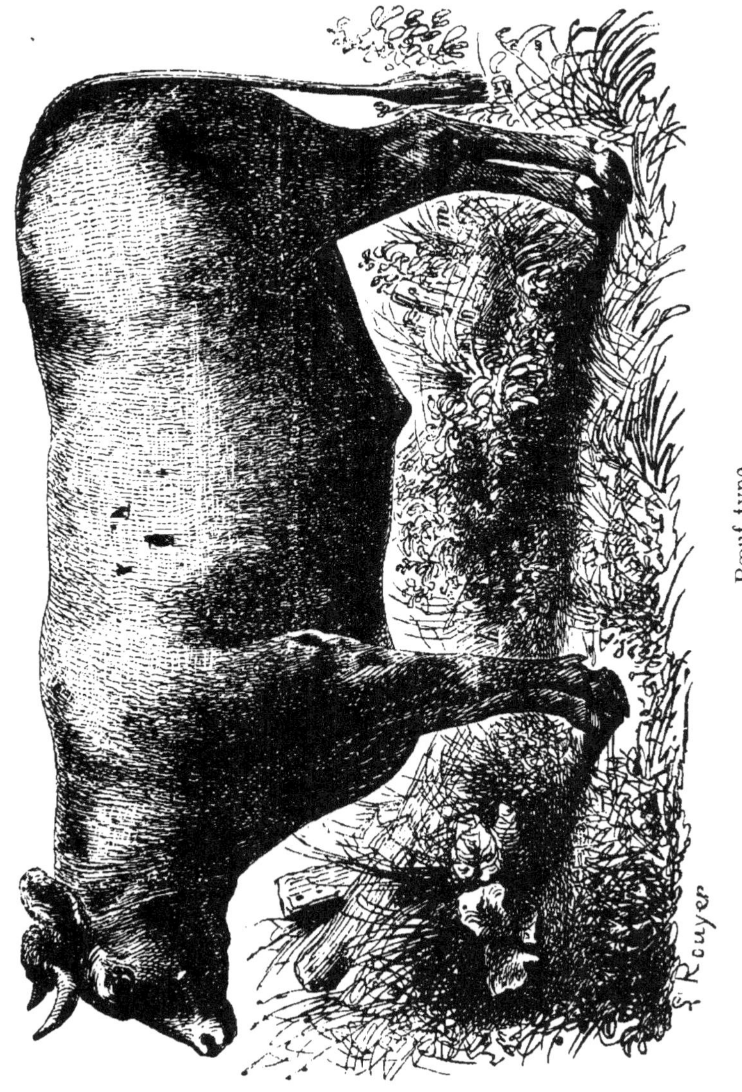

Bœuf type.

pendant quelques jours. Dès qu'on s'aperçoit que
cette nourriture n'est plus assez substantielle, on y

ajoute un peu de farine d'orge ou d'avoine ou de tourteau de lin en poudre ; les tourteaux sont meilleurs et en même temps ils sont moins chers. On commence par une cuillerée, on la fait cuire avec de l'eau, et cette espèce de bouillie, versée toute chaude dans le lait, lui donne une température convenable. A mesure que le veau grandit, on augmente la quantité de tourteaux. On le nourrit ainsi pendant environ un mois. On mêle alors à sa boisson un peu de lait caillé et on en augmente successivement la quantité, de manière à le substituer tout à fait au lait écrémé. Le mélange de tourteaux a toujours lieu de la même façon et l'on continue ainsi jusqu'à ce que le veau ait atteint l'âge de six mois. Pendant ce temps il a commencé à manger, on lui donne un peu de bon regain en hiver, du vert en été, et si l'avoine n'est pas trop chère, chaque jour une poignée d'avoine égrugée et humectée.

Cette méthode d'élever les veaux est bonne et peu dispendieuse.

Quand les veaux sont destinés à devenir des taureaux, ils doivent être choisis parmi les veaux qui naissent de bonne heure au printemps. On leur donne du lait à discrétion et on ne les sèvre que quand on peut les mettre dans un riche pâturage.

Les veaux à engraisser pour la boucherie, dont les mères, fortes laitières, sont exploitées pour la vente directe de leur lait, ou pour la fabrication du beurre ou de certaines sortes de fromages, doivent être sevrés peu de jours après leur naissance.

A Grignon, selon M. Mathis, tous les veaux qu'on veut engraisser sont nourris au baquet.

Pendant les sept premiers jours de leur vie, on leur fait boire progressivement 3, 4 et 5 litres de lait non écrémé. A dater du 8e jour jusqu'à la fin du 2e mois, on leur donne une ration de 8 litres de lait non écrémé. Pendant le 3e mois, on ajoute aux 8 litres de lait une petite quantité de foin, qu'on augmente de jour en jour. Pendant le 4e mois on écrème le lait, et on en diminue chaque semaine la quantité, de manière à le supprimer entièrement au commencement du 5e mois.

Sous l'influence de cette nourriture, l'accroissement ordinaire d'un veau est de plus de 1 kilo par 10 litres de lait absorbé. On cite des résultats beaucoup plus favorables, par exemple : un veau schwiz normand, dont l'accroissement de poids vif a été de 1 kilo 225 grammes par jour et 1 kilo par 6 litres de lait absorbé. Mais ce résultat est exceptionnel.

Dans nos campagnes, les veaux sont vendus au boucher au bout de 3, 4 ou 5 semaines. De 6 semaines à 2 mois, ils ne sont guère bons. Il faut, pour que l'alimentation publique en tire un parti convenable, prolonger leur existence et les mener au moins jusqu'à l'âge de trois ou quatre mois. C'est ce qui se fait le plus communément aujourd'hui.

Connaissance de l'âge dans les bêtes à cornes.

On connaît l'âge des bêtes bovines par l'examen des dents et des cornes.

1° *Par les dents.* — Le bœuf a 32 dents : 24 molaires, 12 à chaque mâchoire, six de chaque côté et huit incisives à la mâchoire inférieure. A la place des incisives on trouve, à la mâchoire supérieure, un bourrelet fibro-cartilagineux dur et résistant.

Parmi les incisives, on distingue d'abord deux *pinces*, puis deux premières mitoyennes, deux secondes mitoyennes et deux coins.

Les premières dents qui apparaissent sont appelées *dents de lait*. On nomme *persistantes* celles qui, beaucoup plus grandes, les remplacent.

A la naissance, le veau a souvent des dents incisives ; il les a toutes à 25 ou 30 jours. Ce n'est cependant qu'à 6 mois que le développement des coins est terminé.

Les dents de lait sont espacées, surtout les pinces ; elles s'usent d'une manière très-inégale, selon la nourriture que consomment les animaux ; mais de 12 à 18 mois elles deviennent comme des chicots en commençant par les pinces, puis la partie aplatie disparaît.

A 18 mois ou 2 ans, elles sont déchaussées, vacillantes, et les pinces tombent pour être remplacées par les pinces persistantes. Ces dernières sont d'abord enveloppées complétement dans l'émail, qui ne tarde pas à s'user le long du bord libre.

A 2 ans et demi ou 3 ans, les premières mitoyennes persistantes apparaissent ; l'usure de l'émail a commencé sur les pinces.

A trois ans et demi ou 4 ans, les secondes mitoyennes apparaissent, et la partie usée devient plus large dans les pinces et dans les premières mitoyennes.

A 4 ans et demi ou 5 ans, les coins de remplacement sortent et sont encore frais, tandis que l'usure des dents qui les ont précédés est très-sensible, même sur les secondes mitoyennes.

En résumé, à 2 ans, l'animal a 2 dents d'adulte.

A 3 ans, 4 dents d'adulte.

A 4 ans, 6 dents d'adulte.

A 5 ans, 8 dents.

A 6 ans, les coins ont acquis tout leur développement : le bord tranchant de toutes les incisives, qui sont d'autant plus grandes qu'elles sont plus rapprochées du milieu, est disposé en arc de cercle régulier ; on dit que la mâchoire forme le rond.

La largeur de la face qui se forme par le frottement contribue donc à faire connaître l'âge en indiquant le degré d'usure des dents.

A 7, 8, 9 ans, cette face devient de plus en plus large et concave, d'abord sur les pinces et successivement sur les mitoyennes et les coins selon les lignes.

L'arc de cercle formé par l'ensemble des dents s'efface à mesure que les dents se raccourcissent ; celles du milieu, venues les premières, et d'ailleurs s'usant plus rapidement que les autres, deviennent proportionnellement plus courtes.

A 10 et 11 ans, les mêmes phénomènes sont plus apparents. L'étoile dentaire est carrée et visible dans toutes les dents.

A partir de 12, 13 ou 14 ans, l'étoile dentaire devient ronde ; les dents, réduites à la racine, sont éloignées les unes des autres ; elles sont petites, cylindriques, usées, décharnées, et souvent absentes.

Nous répéterons ici ce que nous avons déjà dit à propos des moutons, c'est que l'éruption des dents permanentes est ordinairement corrélative du développement ou de l'accroissement du squelette ; lorsque toutes les épiphyses sont soudées, le sujet est pourvu de toutes ses dents de remplacement.

Dans les races précoces et les animaux bien nourris, la dentition devance de 10, 18, 24 mois l'époque ordinaire.

2° *Par les cornes.* — Nous empruntons à M. Magne le tableau qui résume cette question :

Les cornes à 1 an sont coniques, presque droites, à surface terne et unie, mais avec un léger sillon circulaire à la base.

A 2 ans, elles sont plus longues, souvent un peu contournées et présentent à la base deux légers sillons.

A 3 ans la pointe se dirige en arc, et l'on voit à la base un sillon beaucoup plus marqué que les deux premiers.

Ce sillon est même le seul qu'on remarque plus tard ; aussi a-t-on l'habitude de dire que le premier sillon des cornes marque 3 ans.

A 4 ans, il s'en forme un second, à 5 ans un troisième à 6 ans, un quatrième.

Les deux premiers disparaissent à 5 ou 6 ans.

Pour avoir l'âge des vaches par l'examen des cornes, il faut donc noter les cercles qui y sont marqués, et compter le plus rapproché de la pointe pour trois ans, et les autres chacun pour un an ; ainsi, s'il y en a 6, la vache aura 8 ans : trois pour le premier cercle, et un pour chacun des autres.

Vers 8, 9 et 10 ans, la corne devient cylindrique, les cercles tendent à se confondre, surtout si les animaux travaillent au joug.

Après 12 ou 13 ans, les cornes sont souvent retournées au sommet, et minces, rugueuses à la base ; il est difficile de distinguer les cercles.

Il est bon que le vacher sache que souvent, les

maquignons liment, raclent les cornes avec du verre ou un instrument en métal, pour effacer les cercles, raccourcir les cornes et faire paraître les vaches plus jeunes.

Comment on peut attacher et maîtriser les taureaux.

Aujourd'hui les longes à billot sont abandonnées dans presque toutes les fermes; c'est généralement avec des chaînes qu'on attache les vaches. Pour les taureaux la chaîne est souvent trop pesante, elle blesse le taureau à la nuque et il faut remarquer aussi que les cornes des taureaux sont courtes et qu'il leur est facile de se dégager de la chaîne; il faut alors leur mettre un collier que l'on peut serrer à volonté au moyen de la boucle.

Quand la chaîne blesse, on peut, dans la partie qui porte sur la nuque de l'animal, la remplacer par une plaque de fer de 20 centimètres de longueur et de 10 centimètres de largeur. On lui donne une légère courbure; les bords en sont un peu relevés et cintrés sur la longueur, de manière à prendre la forme de la nuque. Le taureau ainsi attaché ne sera pas blessé malgré le poids d'une double chaîne.

Ce mode d'attacher le taureau devient souvent insuffisant, car le taureau qui prend de l'âge sent sa force, il devient difficile à gouverner, il est souvent dangereux ; on ne saurait donc trop se mettre en garde contre sa brutalité. Pour cela, on peut employer le bouclement, c'est-à-dire qu'on applique un anneau ou une pince sur la cloison nasale près du mufle de l'animal.

La pince, appelée encore *mouchette*, s'emploie accidentellement lorsqu'on veut déplacer le taureau. On s'en sert comme de la bride ou du caveçon qu'on retire dès que le cheval est rendu à lui-même.

La mouchette est un ressort qui se ferme et s'ouvre avec un coulant. Le ressort ne doit pas offrir trop de résistance; le coulant doit être assez gros pour qu'on puisse le faire jouer aisément sur les branches de l'instrument. Au point où chaque demi-circonférence doit s'appliquer sur la cloison nasale, on voit un renflement à surface légèrement convexe. A sa partie opposée, l'instrument présente une sorte d'anse ou d'anneau à laquelle on adapte une longe ou un bâton conducteur.

L'application de la mouchette nécessite l'emploi de deux hommes. L'un, placé contre le cou, saisit d'une main une corne et de l'autre le mufle, de manière à relever la tête et à offrir le museau à la personne qui tient l'instrument pour le placer en l'introduisant ouvert dans les narines et le fixer en faisant glisser le coulant jusque sur l'épaulement supérieur. Pour le retirer, la manœuvre est absolument la même. Il faut pourtant que l'animal ne soit pas trop indocile ; il faut surtout qu'il oublie assez vite la contrainte pour consentir une autre fois à la subir encore. C'est pourquoi on lui substitue l'anneau nasal qu'on établit à demeure et dont l'effet est suspendu quand on le juge nécessaire.

Cet anneau de fer est d'un diamètre un peu plus grand que la largeur du mufle. On en fait de toutes les formes; celui qui est le plus commode est l'anneau nasal pointu et à vis.

Il a plusieurs avantages. On peut le placer sans

perforation préalable de la cloison nasale, car elle
porte une pointe aiguë triangulaire qui opère cette
perforation sans le secours du bistouri ou du tro-
cart ;

On termine en moins de temps le bouclement, qui
s'effectue pour ainsi dire à l'insu de l'animal ;

On obvie aux inconvénients qu'entraîne la rivure
de la goupille des anneaux à charnière qui sont les
plus usités ;

On évite aux animaux les vives douleurs qu'on
leur produit en brisant les rivures quand on veut
les enlever.

Le percement de la cloison nasale est l'acte le
plus important de l'opération ; avec l'anneau pointu
à vis de M. Percheron, il est facile, et le bouclement
n'est plus à vrai dire une opération, mais simplement une pratique à la portée de tout le monde.
Pour placer cet appareil, on s'arme de l'anneau ouvert, on l'introduit dans les cavités nasales, on appuie l'extremité plate contre la cloison, on en rapproche la pointe aiguë du côté opposé, puis, en
imprimant une brusque secousse, on perfore le car-
tilage et la pointe entre dans sa gaine taraudée ; on
visse et l'opération est terminée.

L'anse de l'anneau reçoit la courroie qui, en re-
montant le chanfrein, va se fixer à la têtière dont
on entoure le front à la base des cornes lorsque
l'anneau ne doit pas être utilisé dans ses effets ; on
le détache, au contraire, quand on doit faire usage
de l'anneau et on y adapte une longe dont on se
saisit pour conduire et gouverner l'animal.

Quand celui-ci n'est que difficile, la longe peut
suffire, car il cède à la douleur qu'elle lui fait
éprouver dès qu'on lui imprime une secousse ou

légère ou plus forte suivant l'occurrence ; mais il en
est de si méchants et qui procèdent avec tant de
brutalité et de furie, qu'il y a lieu d'en prévoir les
résultats. On remplace alors la longe par le bâton
conducteur.

Ce bâton est formé d'une tige de bois de frêne
lisse et solide, de 1m,50 au plus de longueur sur
0m,12 de circonférence, et d'une partie en fer qui
vient se fixer à l'une des extrémités de cette espèce
de hampe par une douille au moyen de vis ou d'une
rivure. Cette seconde partie du bâton varie beaucoup par la forme. Voici la meilleure. C'est un bâton muni d'une douille qui se termine par un cro-
chet contourné en 5, qui permet de saisir à distance
l'anse de l'anneau nasal et d'éviter le danger de se
rapprocher et se décroche avec la même facilité
sans se détacher jamais.

Autrefois on n'employait le bouclement et l'anneau nasal qu'à la dernière extrémité, comme dernier moyen à tenter pour maitriser une bête dangereuse. Aujourd'hui on s'en sert presque autant
par précaution et par prudence que par nécessité.
L'anneau nasal est devenu le licol-bride du taureau.

Le bouvier qui s'en sert, avec la longe ou le bâton, doit agir avec prudence ; il ne doit en user que
comme d'un instrument de domination et non de
torture. En l'appliquant trop tôt ou à contre-temps
sur de jeunes animaux, on en ferait plus vite et plus
sûrement des bêtes indociles et d'un abord dangereux.

Le bœuf et la castration.

Le bœuf n'est qu'un taureau auquel on a enlevé
faculté de se reproduire en détruisant les organes
la génération. L'opération par laquelle on pra-
que cette destruction se nomme la *castration*. Elle
lieu à des époques différentes, suivant que le
euf est destiné aux travaux agricoles ou à la bou-
erie.

Dans le premier cas, on recule autant qu'on peut
mutilation ; on attend du 14e au 24e mois.

Dans le second cas, les animaux doivent être opé-
s dans les quatre à cinq premières semaines de
ur existence, et dans ce cas le meilleur procédé
ra celui qui détruira complétement et du même
up l'action des testicules.

Quand les animaux, avant d'être livrés à l'en-
aissement, doivent fournir au travail une 'carrière
us ou moins longue, il y a lieu alors d'accumu-
en eux une certaine dose de vigueur qui leur
rmette d'accomplir une tâche assez pénible. C'est
ur cette aptitude mixte qu'on a imaginé des pro-
dés opératoires qui ne privent pas brusquement
conomie de l'influence active et fortifiante des
ticules. On les laisse se développer jusqu'à l'âge
deux ans, comme terme extrême, puis, au lieu de
enlever ou d'éteindre en eux toute faculté de se
urrir, on leur conserve une partie seulement de
ur action. Celle-ci va toujours s'affaiblissant, mais
tement, et tandis qu'elle dure, même au plus fai-
degré, la machine en ressent des effets propor-
nnels. Quand elle n'existe plus, l'animal utile au

travail disparaît ; il ne reste plus qu'un bœuf à engraisser.

Castration. — Quand on opère sur de jeunes animaux, le vacher doit faire au veau deux incisions de haut en bas à la partie postérieure et inférieure des bourses, et il en fait sortir l'un après l'autre les deux testicules, qu'il enlève en déchirant le cordon, ce qui empêche l'hémorragie. Les plaies sont pansées avec un peu d'huile, et ordinairement il n'est plus nécessaire d'y toucher.

Lorsqu'on opère sur un animal qui a plus de six mois, on se sert d'un instrument connu sous le nom de vis. On attache le taureau ou on le met au joug avec un bœuf. Le bouvier lui saisit par derrière les testicules, ou les fait passer entre les branches ouvertes de l'instrument, puis il serre la vis de manière à opérer une forte pression au-dessus des testicules. On ne peut cependant pas opérer la pression complète dès la première fois, mais tous les jours on serre un peu l'écrou jusqu'à ce que l'instrument soit tout à fait fermé. Quand on voit que les testicules sont atrophiés, qu'ils n'ont plus aucune vie, on les coupe en laissant l'instrument en place jusqu'à ce qu'il se détache lui-même. Si l'on ne coupe pas les testicules, ils finissent par tomber. Cette opération est excellente, en ce qu'elle évite les accidents inflammatoires.

Un autre mode opératoire est le bistournage. Cette opération consiste à saisir les testicules et les tordre si fortement qu'ils ne puissent plus fonctionner.

Le bouvier.

L'homme qui soigne et conduit les bœufs se nomme bouvier. Comme les bœufs sont de la même famille que les vaches, on comprend tout de suite que certaines conditions d'hygiène et d'alimentation seront les mêmes pour les bœufs que pour les vaches, que par conséquent le métier de bouvier se rapproche, en certains points, de celui du vacher. Mais comme la destination des bœufs est différente, le travail du bouvier n'en constitue pas moins un métier spécial, et l'homme qui le pratique doit avoir certaines qualités. Il doit être fort, vigoureux, adroit, patient et doux. La marche et l'allure naturelle des bœufs étant lente, le bouvier ne devra pas chercher à l'accélérer ; il lui suffira de la rendre constante et régulière. Ainsi le bouvier, soit en allant aux champs ou en revenant, soit en labourant ou en faisant tirer une voiture, ne doit pas mener ses bœufs plus vite que leur pas ordinaire, surtout quand il fait chaud. Dans les endroits difficiles à passer ou à labourer, lorsqu'ils sont prêts à faire un effort, lorsqu'ils viennent de le faire, le bouvier doit leur laisser un moment pour prendre haleine. Il se sert pour les faire aller de l'aiguillon. Chacun de ses bœufs doit avoir son nom ; le bouvier en le nommant se fait entendre de lui, et quand il a été bien dressé, il se meut à la voix de son conducteur. Le bouvier doit surtout se garder de faire traîner aux bœufs des fardeaux au-dessus de leur force. Si une ou deux paires sont insuffisantes, il en attellera trois ou quatre, selon le besoin.

Le bouvier prend garde que ses bœufs ne se blessent et ne soient piqués par des taons et autres insectes qui les tourmentent.

Quand le bouvier fait travailler ses bœufs, matin et soir, dès qu'il est de retour à la première attelée, il leur donne de la nourriture et les fait boire.

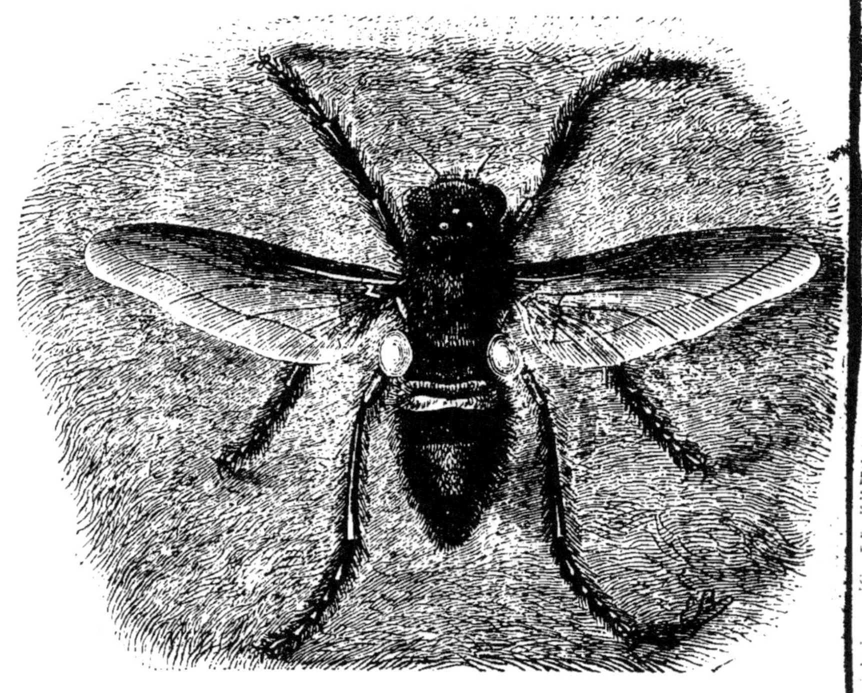

OEstre du bœuf.

Dans les grandes chaleurs, il leur présente de temps en temps des seaux d'eau acidulée de vinaigre et quelquefois nitrée, ou de l'eau dans laquelle il délaye du son.

Quand ils arrivent à l'étable couverts de poussière et de sueur, il les bouchonne et évite qu'ils soient exposés à des courants d'air. Il a soin de visiter leurs pieds pour en ôter les épines et les pierres qui ont pu s'y attacher.

Le soir, il a les mêmes soins, puis il garnit les râteliers pour la nuit et leur fait une bonne litière.

Dès le matin, le bouvier attentif et soigneux étrille, peigne et bouchonne ses bœufs; il leur lave les yeux, leur donne de la nourriture et les conduit, après qu'ils ont mangé, à l'abreuvoir.

De temps en temps, il examine si les jougs, les courroies, etc., sont en bon état. Il enlève les litières, qu'on doit renouveler le plus souvent possible, il aère son étable, il tient proprement les mangeoires, il ne donne à ses bœufs du grain qu'après l'avoir criblé et du fourrage qu'après l'avoir époudré et débarrassé des plantes qui peuvent incommoder les bœufs; il règle les rations de nourriture, la dose de sel; il graisse de temps en temps les coins et le dessous du pâturon. Il sait aussi reconnaître les premiers symptômes des maladies qui atteignent le plus ordinairement les bêtes bovines; il peut parfois appliquer quelques mesures de précaution, telles que la diète, les lavements, les frictions ou la saignée, en attendant l'arrivée d'un vétérinaire.

Lorsqu'il s'agit de bœufs destinés à la boucherie, le bouvier doit posséder une certaine entente de l'alimentation pour mener à bonne fin l'engraissement qui lui est confié. Il aura soin de répartir la nourriture avec la plus scrupuleuse exactitude, et saura graduer et varier les rations selon l'appétit que manifesteront les animaux. Mais toutes ces recommandations seront insuffisantes si le bouvier, aussi bien que le propriétaire, n'a pas quelques notions sur la valeur de l'alimentation des animaux, sur l'hygiène, sur l'application de leurs forces, sur leur engraissement ; c'est pourquoi nous avons cru nécessaire d'entrer dans les développements qui vont suivre.

Engraissement des bœufs.

L'art d'engraisser les bœufs est ignoré de la plupart des bouviers, et l'engraissement se fait le plus souvent par routine. C'est en effet une science difficile à acquérir. Il faut non-seulement connaître la théorie de l'engraissement et s'être pénétré de ses principes, mais il faut en outre avoir observé, comparé, manié des bêtes, les avoir mesurées, pesées vivantes, les avoir accompagnées jusqu'à la boucherie, et s'être rendu compte des résultats positifs d'un engraissement. Tout cela n'est pas commode pour un vacher. Cependant il y a certains principes généraux qu'un vacher devra connaître et qui lui suffiront pour savoir quand un animal peut être soumis avantageusement à l'engraissement.

D'abord tous les bœufs bien constitués, s'ils sont d'ailleurs bien portants et pas trop vieux, sont susceptibles d'engrais. Cependant il y a certaines races et dans toutes les races certains individus qui prennent plus facilement et plus promptement la graisse. Il est donc très-important pour un vacher de reconnaître si un bœuf s'engraissera facilement.

La faculté d'engraisser rapidement et sans exiger une trop grande consommation d'aliments peut se reconnaître aux caractères suivants :

Conformation générale bien proportionnée, surtout dans les parties qui contiennent les organes essentiels de la vie, les poumons et les organes digestifs. Ainsi la poitrine vaste, la côte arrondie afin de loger des poumons bien développés, qui donneront beaucoup d'activité au sang chargé de porter les principes nutritifs dans toutes les parties du corps. Les éleveurs anglais les plus habiles, Bakewell entre autres, disent que le corps doit se rapprocher de la forme d'un tonneau, c'est-à-dire avoir la même amplitude en avant qu'en arrière, à la poitrine qu'au ventre et aux flancs.

Le dos doit être large et horizontal.

Il doit exister aussi peu d'espace que possible entre la dernière côte et les hanches, qui doivent être larges, le ventre étant arrondi sans être démesurément développé, et les flancs ronds et profonds : conformation que les engraisseurs et les bouchers expriment en disant que la bête a un bon dessous.

Les cuisses seront bien développées, longues, épaisses, convenablement rapprochées, les jambes, au contraire, courtes, les fesses peu fendues, mais bien garnies; c'est ce qu'on appelle une bête bien culottée.

Le cou doit être court, épais, la tête fine et assez allongée, les cornes courtes, lisses, d'une teinte pâle (on a remarqué que les races à cornes très-longues s'engraissent plus difficilement), les yeux saillants, vifs et doux.

La peau doit être douce, souple, moelleuse, glissant facilement sur les chairs placées au-dessous d'elle, le poil fin, soyeux et doux.

Le bon choix des animaux à engraisser est une des conditions de succès ; c'est pourquoi le bouvier doit avoir des connaissances précises sur ce sujet, de façon à pouvoir fournir des renseignements au propriétaire.

Le bon choix des animaux ne suffit pas, il faut encore une bonne méthode d'engraissement.

Il existe une énorme différence d'opinion entre les éleveurs anglais et les éleveurs français sur l'âge auquel on doit commencer l'engrais des bêtes bovines. En France, on a l'habitude de faire travailler les bœufs jusqu'à l'âge de huit à neuf ans. Quelquefois même on prolonge cette période de travail jusqu'à dix et même douze ans. Ce n'est donc qu'à un âge assez avancé que commence l'engraissement. Payen et Richard disent que cette méthode a de graves inconvénients, car un bœuf vieux s'engraisse moins aisément qu'un jeune, et surtout il consomme beaucoup plus.

Les Anglais, au contraire, qui emploient très-peu le bœuf comme bête de trait, commencent l'engraissement beaucoup plus tôt. Très-souvent c'est dès l'âge de deux ans. A cet âge, quand les animaux sont de bonne race et dans les conditions de santé nécessaires, ils prennent la graisse avec une facilité et une rapidité extraordinaires.

Plusieurs agronomes français ont parfaitement senti les avantages de cette modification dans l'âge des bœufs que l'on veut soumettre à l'engraissement. Voici l'opinion de Dezeimeris à ce sujet : « Un veau prend un accroissement plus rapide d'un an à deux ans que de deux à trois, que de trois à quatre, et ainsi de suite. Mais surtout il en coûte beaucoup moins de fourrage pour lui procurer un accroissement de valeur de 50 fr. de six mois à un an que de dix-huit mois à deux ans, et réciproquement moins de trente mois à trois ans. »

De l'âge de six mois à un an, l'animal consomme
en moyenne de 3 kilogr. 1/2 de foin par jour ; en
six mois, 637 kilogr.

D'un an à deux ans, il consomme par jour en
moyenne 7 kilogr. ; en un an, 2,555 kilogr.

De deux à trois ans, il consomme par jour en
moyenne 10 kilogr. ; en un an, 3,832 kilogr. 1/2.

Un bœuf de six à sept ans consomme dans l'année
environ 5,620 kilogr.

Il y a donc un avantage incontestable à adopter
dans l'engraissement des bestiaux le principe de
la précocité et de la rapidité de développement. Et
la première chose à faire dans cette voie, c'est de livrer à l'engrais des animaux beaucoup plus jeunes
qu'on ne le fait habituellement.

On doit ainsi préférer les races volumineuses,
d'autant mieux qu'étant plus tranquilles, et la circulation étant chez elles plus lente, elles doivent
s'engraisser plus vite et avec plus de facilité, en
exigeant moins de soins.

*Nécessité de n'engraisser que des bœufs déjà en
chair.* — Pour engraisser avec profit, il faut choisir
des bêtes de bonne race et n'engraisser que des
animaux déjà en bon état. En trois mois on engraisse complétement un bœuf déjà en chair, tandis
qu'il faut souvent six mois pour mettre en chair
un bœuf qui a la peau collée sur les os.

Si, comme malheureusement cela peut arriver
dans les exploitations les mieux dirigées, l'urgence
des travaux, les chaleurs excessives de l'été, la
non-réussite des prairies artificielles, ont amené à
une grande maigreur les bœufs qu'on avait l'intention d'engraisser, on ne doit pas les mettre immédiatement à l'engrais. L'époque la plus longue de

l'engraissement, le temps pendant lequel les animaux consomment le plus et acquièrent proportionnellement le moins en poids, est l'époque pendant laquelle la consommation est faite par l'animal maigre, jusqu'à ce qu'il ait pris de la chair.

Le parti le plus sage est, dans ce cas, de laisser aux bœufs maigres le temps de se refaire, en les appliquant à un travail modéré, et en les nourrissant bien. Si l'on est au commencement de l'hiver, il peut être avantageux ou de conserver les bœufs encore un an ou de leur laisser passer l'hiver sans les engraisser, pour les vendre au printemps comme bœufs de travail.

Si l'on veut engraisser des bœufs maigres fatigués, qui ont souffert par excès de travail et insuffisance de nourriture, il faut leur donner d'abord des aliments rafraîchissants et délayants.

Les bêtes qu'on met à l'engrais doivent être dans un état de santé parfaite. Si l'on s'aperçoit qu'un bœuf manque d'appétit, digère mal, n'engraisse pas, le plus sûr est de le vendre tout de suite, car ordinairement plus on le garde longtemps, plus il consomme infructueusement de fourrage.

Influence du sol. — Toutes les localités ne sont pas également propres à l'engraissement. La chimie a démontré que si, dans la composition du sol, prédomine la silice, l'argile ou le calcaire, les plantes qui y croissent ont des propriétés différentes et ne produisent pas les mêmes effets sur les animaux qui s'en nourrissent ; c'est ainsi que les terres granitiques donnant en général des végétaux peu riches en principes utiles, des foins et des pailles de médiocre qualité, offrent des animaux sobres, rustiques, légers, vifs, mais petits, ou bien assez forts, trapus, mais plus chargés de tissus mous et d'os que de muscles.

Les terres argileuses humides et froides dont les récoltes abondantes laissent beaucoup à désirer quant aux qualités, dont les fourrages sont peu estimés parce qu'ils contiennent de mauvaises plantes, et parce que les bonnes espèces y sont aqueuses, insipides et peu nutritives, fournissent des animaux offrant un abdomen volumineux, des muscles grêles et des os saillants, mous, faibles, d'une constitution débile, et prenant difficilement la graisse.

Les terres provenant des roches calcaires et des roches volcaniques propres aux riches cultures et fournissant les légumineuses les plus précieuses comme fourrage sont particulièrement aptes à favoriser le développement des bêtes bovines.

On comprend que le bétail, en passant des sols granitiques ou fortement argileux sur les terres calcaires, doit se modifier dans un sens favorable, tandis que le contraire arrive dans la mutation opposée.

Mais, comme l'a fait observer M. Vial, ces bases, l'albumine, la silice et la chaux, peuvent être mélangées entre elles dans des proportions fort variables et associées à d'autres substances terreuses, à de l'humus, à des sels ou à des métaux qui modifient de mille manières différentes, et quelquefois à des distances très-rapprochées, le degré de fécondité du sol, la nature des récoltes qu'il est susceptible de fournir, et par suite la physionomie du animaux et la disposition de leur organisation intime. Il en est de même de la profondeur, de la consistance, de la fraîcheur des terrains et des volume des matières qui les constituent, ainsi que

de la direction, de l'exposition et de la hauteur des
lieux qui, en changeant la flore, changent aussi
la valeur nutritive des fourrages.

Il nous est impossible, dans un travail si abrégé,
de nous arrêter à toutes ces particularités, qui sont
cependant, ainsi que le climat, la cause de la diver-
sité des races et des sous-races si nombreuses qui
composent l'espèce bovine.

Il suffit de démontrer que, quand il s'agit de
déplacer celles-ci, il importe de bien apprécier
toutes ces circonstances et de juger en définitive
si l'on peut, dans les conditions où l'on se trouve
placé, entourer les animaux d'un bien-être supérieur ou tout au moins égal à celui auquel les
avaient habitués le climat et le régime de leur
pays natal.

L'influence des agents naturels, s'ils sont con-
traires, peut se faire sentir en très-peu de temps
d'une manière assez prononcée pour compromettre
le succès de l'opération. Tout le monde sait que les
bœufs suisses, qui font chez eux d'excellentes bêtes
de boucherie, sont en France plus difficiles à engraisser. On sait aussi que le bœuf charollais, si
bien approprié à sa destination dans Saône-et-Loire,
ne peut être engraissé avantageusement dans les
départements du sud-est, qu'après avoir payé un
long tribut à l'acclimatation. Et pour une autre
espèce, ne sait-on pas que les chevaux de Saint-
Bonnet (Isère), achetés en Lorraine à l'état de poulains, commencent à se modifier après quelques
mois de séjour dans les Alpes? que les poulains de
la Bretagne transportés en Normandie et dans le
Perche se confondent bientôt avec ceux qui en sont
originaires ?

Alimentation des bêtes à l'engrais.

L'alimentation est la base la plus sûre de l'engraissement; c'est par une alimentation bien entendue qu'on peut remplacer le climat et changer les aptitudes.

Les graisses contenues dans les matières alimentaires jouent le rôle capital dans l'engraissement. Les recherches expérimentales exécutées en Allemagne ont prouvé que, dans la proportion d'une partie pour deux de matières azotées, elles produisaient un engraissement très-rapide.

Mais les graisses n'existent pas toujours en quantité suffisante dans les aliments; elles ne se trouvent qu'en proportions minimes dans le blé, le seigle, le riz, la pomme de terre, dans beaucoup de fruits et dans diverses racines ; et cette faible quantité, fût-elle entièrement absorbée, ne représenterait pas la graisse qui est éliminée par la lactation, et la sécrétion biliaire. Il faut donc que, chez les animaux qui s'engraissent ou qui donnent du lait sous l'influence d'un régime pauvre en matières grasses, la graisse soit formée dans l'économie aux dépens des autres matériaux alimentaires. Or les observations de M. Boussingault ont montré que les animaux entretenus avec des aliments féculents ou azotés, mais pauvres en principes gras, fixent dans leurs tissus une quantité de graisse bien supérieure à celle que les aliments cèdent au travail digestif. D'après cela, on est naturellement conduit à admettre que la graisse s'est formée dans l'organisme par la transformation des autres principes alimentaires. Liebig pense que la fécule, le sucre, la gomme, en perdant une partie de leur oxygène, se métamorphosent en matières grasses, de la même manière que, dans la sève des plantes oléagineuses, l'huile se substitue au miel vers le moment où les grains arrivent à maturité, et cette opinion paraît d'autant plus vraisemblable que le nitre, dans certaines fermentations, donne naissance à des acides gras. M. Boussingault prétend en outre que les matières azotées, l'albumine, la caséine, concourent au même titre à la formation de la graisse, car l'albumine, dans certaines conditions, donne naissance à un principe très-analogue sinon identique à l'acide butyrique. On sait du reste que les aliments azotés, quoique assortis à très-peu de graisse, conduisent cependant à un degré considérable d'embonpoint.

Si l'on réfléchit à l'ensemble des circonstances qui favorisent l'embonpoint comme une nourriture abondante et très-substantielle, le repos, l'obscurité, on s'explique d'une manière satisfaisante les modifications par lesquelles le travail nutritif le provoque ordinairement.

D'une part, les produits que l'absorption fait entrer dans l'économie sont plus que suffisants pour compenser les pertes. La respiration peu active consomme une petite quantité de ces produits non azotés, dont l'excédant peut se convertir en graisse ; la respiration, trouvant ses combustions dans les principes non azotés, respecte les principes azotés qui peuvent être ainsi employés à la nutrition ou au développement du système musculaire et des autres tissus. De cette manière, l'accroissement peut marcher de pair avec l'engraissement, et lorsque le premier est achevé, les substances protéiques elles-mêmes peuvent encore aussi bien que les autres concourir à la formation de la graisse.

Les observations faites sur l'engraissement des animaux établissent qu'il y a un certain rapport entre la quantité d'aliments consommés et la quantité de graisse produite.

Il faut, pour arriver à saturer l'organisme de graisse, un temps variable suivant les espèces, les races et l'état initial des sujets soumis au régime de l'engraissement.

Méthodes d'engraissement.

Nous venons d'examiner d'une façon générale quels aliments peuvent fournir de la graisse et aussi quelle est l'aptitude des animaux pour emprunter et assimiler cet élément nécessaire à l'engraissement. Nous allons maintenant étudier les méthodes qui peuvent faire arriver plus vite et plus utilement à ce résultat; c'est là que le rôle du bouvier devient vraiment important. Il doit non-seulement reconnaître quand un animal est apte à être engraissé, mais s'occuper de la détermination des mélanges de fourrage et de leur composition. Pour établir les quantités à donner d'une manière rationnelle, il doit observer chaque animal dans ses allures particulières, dans ses besoins spéciaux; il doit apporter la plus grande propreté dans la préparation et la distribution des aliments.

Quand on veut produire de la viande, il faut aux animaux le repos, la tranquillité, la chaleur, l'humidité de l'air, une demi-obscurité, une nourriture

plus aqueuse que sèche et surtout riche en principes gras.

Mais ces conditions ne peuvent être complètement
remplies dans toutes les circonstances. Or elles sont
subordonnées aux conditions économiques qui
varient suivant les localités.

Dans les contrées où la fécondité du sol fait
pousser de riches herbages, obtenus sans frais de
culture, comme dans ces régions tempérées qui
avoisinent le littoral de la mer, où la culture in-
tensive n'a pas encore pénétré, où les bras manquent à l'agriculture, il peut être plus avantageux
de faire consommer les aliments sur place, d'engraisser les animaux par le régime du pâturage.
Si toutes les conditions signalées plus haut ne se
trouvent pas réunies, repos absolu, air toujours
chaud et humide, les bêtes peuvent jouir d'une
tranquillité relative et, en fin de compte, la perte
occasionnée par une durée un peu plus longue de
l'engraissement peut se trouver compensée par la
suppression de frais de main-d'œuvre.

Dans les localités, au contraire, où toutes les
terres sont cultivées, où les herbages ne réussissent
pas très-bien, soit par le froid du terrain ou par
celui du climat, dans les contrées où les tubercules,
les fourrages racines, les légumineuses font partie
intégrante de la culture alterne et forment la base
des assolements, il n'y a plus de place pour le pâturage ; tous les aliments sont consommés à l'étable :
c'est la stabulation permanente.

Enfin les circonstances culturales peuvent se
trouver combinées de telle manière qu'elles permettent l'alliance des deux méthodes précédentes :
c'est le régime mixte.

De là trois méthodes distinctes : le pâturage, la stabulation permanente et le régime mixte.

Pâturage. — L'engraissement des bœufs au pâturage se pratique en grand dans la Hollande, dans l'Allemagne du nord, dans la Suisse, l'Angleterre, en France dans la Normandie et dans tous les pays où se rencontrent un sol plantureux et un climat tempéré qui n'exposent pas les animaux à des variations trop brusques de température. Aussi l'engraissement au pâturage ne se fait-il que pendant l'été. Mais quelle que soit l'époque à laquelle commence

l'engraissement, quelle que soit la nature de la prairie naturelle ou artificielle, il est essentiel que le pâturage soit suffisamment fourni pour que les animaux puissent y prendre rapidement la nourriture qui leur est nécessaire, afin qu'ils aient le temps de ruminer, qu'ils puissent se coucher, se livrer sans gêne au repos nécessaire après un repas copieux. Un herbage moins fertile aurait pour effet d'obliger les animaux à courir çà et là pour choisir les endroits les plus planureux, de faire perdre beaucoup de fourrage par leur piétinement, de leur occasionner une fatigue nuisible et d'accroître la durée de leurs repas sans leur laisser le temps de repos nécessaire à la digestion.

Les bêtes d'engrais ne devraient jamais sortir des riches embouches, c'est-à-dire de l'herbage dans lequel a lieu l'engraissement. L'embouche doit, pour avoir des résultats sérieusement profitables, être établie sur un fond frais et fertile, loin du bruit et de toute circonstance propre à troubler le calme et le repos nécessaires aux animaux à l'engrais. Les pâturages doivent être clos, pourvus d'abreuvoir et posséder en outre, lorsqu'ils sont éloignés du corps de ferme, une cabane dont l'usage et l'importance seront expliqués plus loin.

Les terres argileuses, argilo-marneuses, les sols frais d'alluvion et généralement tous les fonds sur lesquels l'herbe pousse avec vigueur et se conserve verte fort avant dans la saison, sont propres à ce genre d'exploitation ; dans les situations moins avantageuses, il convient d'appliquer les herbages à l'élevage.

Au point de vue commercial et sous le rapport de l'écoulement des produits, l'embouche a été et sera longtemps encore le seul moyen d'exploitation possible pour les terres basses et herbeuses situées loin des centres populeux et des voies de communication. Le profit net qu'il devient possible de réaliser par hectare sans les graves inconvénients de la culture, le placement toujours facile des produits, la liquidation à court terme des opérations, la facilité qui en résulte pour se procurer des fonds et pour couvrir des échéances à jour fixe, donnent à la spéculation des embouches un intérêt particulier.

La culture des embouches ne rentrant pas dans notre cadre, nous n'avons pas à nous y arrêter. Nous dirons seulement quelques mots du choix que le bouvier qui s'appelle dans ce cas *herbager*, doit savoir faire des animaux destinés à l'embouche. Il doit savoir qu'il existe des races relativement impropres à l'engraissement au pâturage, soit que les individus dont elles se composent présentent trop de finesse moléculaire et de sensibilité, ce qui les empêche de prendre du poids ; soit qu'ils se trouvent soignés outre mesure et soumis généralement à une alimentation plus riche que celle qu'ils peuvent prendre à l'herbage ; soit enfin qu'ils présentent une certaine mollesse qui se développe outre mesure au pâturage. Les limousins marchais et bourbonnais ne prennent pas de chair et par conséquent pas de poids dans les herbages de nos contrées du centre, tandis qu'ils en prennent à l'étable. Les durhams et métis durhams, si supérieurs pour l'étable, n'engraissent bien à l'herbage dans le centre de la France qu'autant que la saison est avancée, la température fraîche, les insectes rares.

Les animaux une fois à l'herbage n'en sortent plus que pour aller à la vente. Matin et soir, le bouvier herbager fait une ronde dans les embouches, examine chaque bête en particulier, suit la ligne de clôture, y fait, séance tenante, toute réparation indispensable ; il prend toute mesure nécessaire pour empêcher les animaux de s'abreuver sur d'autres points que ceux ménagés à cet effet à chaque abreuvoir ; il signale à son retour tout animal indisposé, il expose tous les faits qui ont fixé son attention ; il a remarqué les bêtes qui profitent et celles qui restent stationnaires, celles qui se trouvent menacées par quelque indisposition, ou qui, trop énergiques, apportent du trouble à la tranquillité générale ; il voit s'il y a lieu d'augmenter ou de réduire le nombre des animaux d'un herbage pour le tenir en équilibre avec la végétation.

Les premières bêtes herbagées restent plates jusqu'au moment où l'abondance de l'herbe leur permet de se bien nourrir ; mais il ne faut point s'inquiéter de cet état transitoire : le vieux poil disparaît, il fait bientôt place à une teinte plus vive. Malgré l'enfoncement du flanc et une maigreur apparente, l'animal conserve sa force et sa vigueur. On voit qu'il est herbé lorsque le flanc commence à se montrer moins creux et que l'ensemble paraît se trouver bien du nouveau régime. A partir de ce moment, l'engraissement marche régulièrement et avec une certaine rapidité, l'animal s'arrondit, se couvre de chair, et bien qu'il se meuve plus ou moins gravement, sa démarche, quoique calme, ne manque pas d'une certaine fierté. Bientôt le garrot devient le siège d'une transpiration abondante, qui persiste jusqu'au moment où les maniements prennent de l'importance et où le poil lui-même perdant sa teinte vive et lustrée annonce, par des changements de direction plus ou moins prononcés, l'approche de la maturité, état de graisse que le sujet ne saurait dépasser et qu'il faut se hâter de saisir pour en opérer la vente.

Dans les gras pâturages de Normandie, il est d'usage· d'introduire au printemps les animaux achetés maigres chez les éleveurs des contrées moins fertiles ; lorsque l'herbe, lente à pousser dans les premiers temps, est insuffisante, on distribue au bétail un supplément de nourriture sèche, qu'on diminue à mesure que la végétation devient plus active ; vers la fin d'avril et les premiers jours de mai, la végétation arrive à son maximum. L'engraissement, suivant les individus et leur état d'embonpoint, dure de cinq à huit mois.

La consommation d'un bœuf à l'engrais de forte taille, pesant de 340 à 450 kilogrammes, varie suivant la fertilité du sol ; elle représente un pacage durant six mois sur une surface de 83 ares en Hollande, aux environs d'Arnheim, tandis que dans les meilleurs prés de la vallée d'Auge, suivant M. Durand, 23 à 25 ares suffisent, et l'animal engraissé pèse de 500 à 750 kilogrammes.

Certains bœufs cotentins parviennent au poids de 800 kilogr. qu'ils peuvent même dépasser. On sait que les bœufs engraissés exceptionnellement en deux ou trois années ont pesé jusqu'à 1,300 et 1,400 kilogr. (notamment pour la promenade du bœuf gras à Paris).

Le pâturage au piquet, qui peut être employé pour les vaches laitières, réussit moins pour les bœufs à l'engrais, car tout pâturage avec entraves est une cause de gêne qui peut nuire à l'engraissement.

Stabulation permanente. — Dans les pays de grande culture, la stabulation permanente est, dit Vial, préférable au pâturage. A la possibilité d'effectuer plus rapidement l'opération de l'engraissement, elle joint l'avantage d'utiliser la totalité du fourrage récolté et d'augmenter la fertilité du sol par la production des engrais. Mais pour que la main d'œuvre qu'elle nécessite se trouve payée, il importe qu'elle se fasse dans de bonnes conditions.

Nous savons quelle est, pour l'engraissement, l'importance d'une bouverie construite dans de bonnes conditions. Aux avantages d'une température douce et toujours uniforme, la stabulation permanente joint ceux qui résultent du repos de tous les organes.

Le repos des organes de la locomotion et des sens a pour effet de rendre le pouls calme et la respiration lente, de favoriser l'assimilation, de ralentir les déperditions du corps, d'affaiblir les

impressions du cerveau, de rendre les animaux mous et paresseux; l'inaction et l'abondance de nourriture sont en effet les deux conditions essentielles d'un rapide engraissement.

Une fois l'opération de l'engraissement commencée, on laisse les bêtes dans la bouverie. Le bouvier leur distribue sur place la nourriture et les boissons qui leur sont nécessaires. Il éloigne d'elles tout ce qui excite les organes des sens, il évite de faire du bruit, de circuler trop souvent dans l'étable en dehors des exigences du service', il abaisse les paillassons des fenêtres, de manière à ne laisser pénétrer qu'une clarté douteuse. La tranquillité et le bien-être qu'on leur procure par ces précautions produisent une déviation des forces de l'économie et leur permettent d'utiliser tous les matériaux nutritifs au profit de la sécrétion de la graisse.

Du choix et de la distribution des fourrages dans le régime de la stabulation. — A l'étable l'alimentation ne sera pas la même qu'au pâturage. Les bœufs, dit Thaër, peuvent devenir très-gras lorsqu'ils sont nourris au trèfle vert, pourvu qu'on leur en donne abondamment. Les légumineuses, les vesces, l'avoine, le seigle forment une excellente nourriture d'été. Le trèfle, la luzerne et généralement toutes les plantes vertes ne peuvent être données qu'avec certaines précautions. Il faut éviter de les couper lorsqu'elles sont mouillées par la pluie, et si, par suite de mauvais temps, on était obligé de faire une provision pour plusieurs jours, il faudrait, comme le dit avec raison M. Vial, étendre les herbes dans le grenier. Mises en tas, elles s'échaufferaient, fermenteraient rapidement et produiraient des indigestions.

L'hiver, le bouvier distribue les fourrages fanés; mais pour qu'ils favorisent l'engraissement, il devra y associer d'autres aliments et surtout des féculents.

M. Weckerlin, qui s'est occupé scrupuleusement de cette question, recommande le fourrage haché, composé du meilleur foin, surtout de regain et d'un peu de paille; on doit le donner le matin en petite portion.

Le bouvier se rend bientôt compte du temps qu'il faut au bétail pour manger ce fourrage jusqu'à ce qu'il ait soif; alors il lui donne à boire de l'eau fraîche. Après avoir bu, le bétail reçoit des graines et de la farine d'orge, de vesces, d'avoine, de maïs, d'épeautre, de seigle, etc., également en petite portion et autant qu'il peut en manger avec appétit. Après cela il se repose. A midi et le soir, il est nourri de la même manière; au dernier repas, le bouvier lui donne du sel en quantité suffisante.

Quelquefois, et selon les circonstances économiques, on remplace la moitié ou les trois quarts du foin par une ration équivalente de racines ou de tubercules. On les donne cuits ou crus, mélangés aux fourrages, coupés en tranches, saupoudrés de son ou associés à des balles de graminées ou à de la paille hachée. La quantité dépend de l'appétence des animaux pour cette nourriture et de l'effet qu'elle produit sur les intestins. S'ils en laissent, le bouvier doit diminuer la ration; il en est de même quand survient la diarrhée. Il faut savoir que quand les bœufs reçoivent des racines pour la première fois, il est possible qu'ils les refusent tout d'abord, et s'ils les mangent, ils peuvent en être dérangés. Il est donc prudent de les y habituer peu à peu. C'est, du reste, l'affaire d'un temps trèscourt; ils arrivent bientôt, selon le poids du bœuf, à consommer 20, 30, 40 kilogr. de pommes de terre et des autres racines en proportion de leur valeur nutritive.

Du reste, les tubercules et les racines peuvent s'administrer encore sous forme de pulpe ou de résidus après avoir servi à la distillation.

On estime que les pommes de terre distillées conservent la moitié de leurs principes nutritifs, c'està-dire que les résidus de 50 kilogr. de pommes de terre nourrissent autant que 25 kilogrammes.

Parmi les plantes cultivées sous le nom de racines fourragères, ou plantes racines, la betterave est sans contredit la plus précieuse, et l'on peut ajouter qu'elle tient parmi ces plantes le même rang que la luzerne parmi les fourrages. En général, elle produit à surface égale de terrain une quantité double en poids de ce qu'on peut obtenir en pommes de terre.

Le bouvier ne devra pas donner à un bœuf de pesanteur moyenne plus de 25 à 40 kilogr. de betteraves par jour, on peut aller cependant jusqu'à 50 kilogr. Une détermination plus approchée de la quantité à donner dépend de l'espèce de fourrage brut qu'on y ajoute.

Lorsqu'on engraisse avec des résidus de fabrication, on observe les mêmes principes généraux sous le rapport des mélanges de fourrages et de la distribution des rations.

Les pulpes de betteraves pressées sont données absolument de la même manière que les racines en leur ajoutant des fourrages azotés. La pulpe pressée fraîche n'engraisse pas aussi bien que celle qui a été entassée dans du foin et qui est devenue riche en acide lactique. Cette dernière se mange plus volontiers, est plus facilement assimilable et mieux utilisée par les animaux à l'engrais. Il en est de même pour les pulpes aqueuses, mais elles donnent moins de viande de bon goût et une graisse molle peu propre à la fonte. Il est bon de fournir en même temps assez de fourrages bruts, de la paille, beaucoup de bon foin, des graines égrugées pour améliorer la qualité de l'animal ainsi engraissé. En pareil cas, il est toujours judicieux de hacher la plus grande partie de paille et de l'échauder avec de la pulpe chaude Le Dr. Kühn veut qu'on donne ce mélange en deux portions à chaque repas ; on y ajoute de la pulpe tiède à boire. Après la boisson de pulpe on donne du foin aux deux premiers repas, et le soir de la paille. La pulpe engraisse beaucoup mieux ainsi que lorsqu'elle est donnée séparement, la pulpe d'un côté et les fourrages de l'autre. Mélangée avec la paille, elle peut exercer une influence favorable en l'amollissant et en la désagrégeant un peu. Mais il faut bien prendre garde qu'elle ne devienne aigre, et pour cela avoir soin de tenir les crèches et les vases de transport avec la plus grande propreté.

Les résidus de fabrication de fécule valent moins que les pulpes alcooliques, mais ils deviennent un peu plus énergiques par la cuisson à l'eau et à la vapeur. Ils sont très-bien utilisés dans l'engraissement lorsqu'on a soin de leur ajouter du fourrage concentré et du fourrage brut en quantité suffisante.

Les résidus de bière sont excellents pour l'engraissement, mais ils sont toujours en trop petite quantité dans les fabriques agricoles.

Tourteaux. — On appelle tourteaux les résidus de toutes les graines qui ont été soumises à une fabrication quelconque. Il résulte d'expériences nombreuses que les substances qui renferment beaucoup d'huile et de fécule favorisent la formation de la graisse; et un fait utile à connaître, c'est que vers la fin de l'engraissement le suif se forme plus abondamment. Or c'est justement aussi à ce moment que l'on obtient le moins d'accroissement pour 100 kilogrammes de fourrages consommés. Il est donc rationnel de penser que c'est surtout alors qu'il convient de faire entrer dans la ration des aliments plus riches en matières grasses. Supposons, en effet, que l'animal, au commencement de l'engraissement, utilise les trois quarts des principes nutritifs de sa ration : si, lorsque l'engraissement est arrivé à un certain degré, il n'en utilise plus qu'un quart, la moitié des principes utilisés sera perdue pour son accroissement; et si la ration reste la même, il augmentera beaucoup plus lentement ; il faudra donc augmenter la ration, mais la puissance des organes digestifs a une limite qu'on ne saurait dépasser impunément. Alors, au lieu d'augmenter la ration, on en changera la nature et la composition, on fera intervenir les féculents, sons, recoupettes, farineux divers, tourteaux.

Voici les combinaisons d'aliments adoptées par un de nos plus habiles agronomes industriels, M. Decombreque, aux diverses périodes de l'engraissement de ses bœufs.

	1er mois	2e mois	3e mois
Tourteaux d'œillette..	0^k5	1^k	1^k5
Farine de lin..	0 5	1	1 5
Farine de fèves	0 6	1	1 5
Paille hachée..	3	3	3
Eau..	15	15	15
Collets de betterave..	10	10	10
Pulpe de betterave.	18	18	18
Sel.	0 06	0 06	0 06
	47^k56	49^k06	50^k56

L'engraissement forcé à l'aide d'aliments très-riches en matières grasses a quelquefois l'inconvénient de faire contracter à la viande et surtout à la graisse des animaux un goût peu agréable.

Le bouvier se rappellera qu'on atténue cet incon-

vénient en supprimant les tourteaux pendant les
dernières semaines, alors que les animaux sont engraissés au point convenable.

Les tourteaux, en raison de la portion de corps
gras qu'ils contiennent, forment aussi un supplément de ration très-précieux. Les plus estimés, sous
ce rapport, sont ceux de lin, d'œillette, de colza, qui
contiennent 0,080, à 0,130 de corps gras. Les matières grasses sont si importantes dans l'engraissement, qu'on a jugé en Angleterre plus avantageux
de remplacer les tourteaux par la graine ou la farine
de lin, malgré son prix élevé. La graine de lin contient en effet 0,350 de matière grasse.

M. de Gourcy a donné la manière de préparer les
aliments à la farine de lin. On verse peu à peu un
tiers de farine de lin et deux tiers d'autres farines
de fèves, pois, maïs et orge dans une chaudière contenant de l'eau en ébullition, et on remue bien le
mélange pour l'empêcher de s'attacher à la chaudière. La proportion est de 3 kilogr. de farine pour
20 litres d'eau. Après 15 à 20 minutes d'ébullition,
on verse le bouillon sur 5 kilogr. de fourrage coupé,
placé dans des cuves ou dans des espèces de
citernes spéciales. On doit remuer soigneusement
le fourrage à mesure qu'on l'arrose pour qu'il soit
complétement humecté ; on le tasse ensuite fortement et on le couvre, on le laisse ainsi au moins
deux heures, et pas plus de huit heures, et on le
donne chaud aux bêtes deux fois par jour.

Outre cette nourriture ainsi préparée, le fermier
anglais donne à chaque bête 40 kilogr. de turneps, et
après chaque repas, il met devant elle de la bonne
paille. Cette alimentation, qui est économique, rend,
paraît-il, l'engraissement rapide.

La manière d'engraisser varie suivant les pays.

Dans la région de l'ouest, on engraisse annuellement un grand nombre de bêtes bovines. Dans le Maine, on engraisse au pâturage et à l'étable; dans la Basse-Bretagne, l'engraissement se fait presque toujours à l'étable; à Corlay et à Montcontour, il dure de septembre à novembre, et dans le Cornouailles, de décembre à avril; dans les Marais de la Vendée, il a lieu à la pousse de l'herbe; enfin, dans les Bocages vendéen et angevin, on l'exécute depuis la fin de l'automne jusqu'en avril et mai.

L'engraissement pratiqué dans le Bocage est très-bien entendu. Les bœufs qu'on se propose d'engraisser pendant l'hiver sont achetés dans les foires, à la fin du printemps ou pendant l'été, ou à des marchands de bestiaux des environs de Pouzanges, qu'on nomme bâtonniers. Alors on les met à rafraîchir dans les genetières, où ils séjournent jour et nuit, jusqu'au moment où ils doivent consommer le regain des prairies; c'est après les semailles d'automne qu'on les rentre dans les bouveries.

Tous les animaux sont placés deux à deux dans des stalles; comme ils ont porté le même joug, ils se connaissent et s'excitent à manger. Voici comment on les alimente :

Vers 5 ou 6 heures du matin, le *panseur* ou *nourricier* nettoie la crèche et donne à chaque couple une brassée de foin de six à sept kilogrammes; quand cette ration est mangée, il en donne une seconde; vers huit heures, on fait boire tous les animaux, on fait la litière et on dispose devant chaque paire de bœufs une forte brassée de choux; on termine le repas, en donnant des navets ou des betteraves nettoyées au laveur. Il est alors environ dix heures. A midi, on distribue de nouveau du foin, on fait boire les animaux, et souvent on donne encore des feuilles de choux, puis on laisse les animaux en repos. A trois heures de l'après-midi, on donne le même repas que le matin. Enfin, vers huit ou neuf heures, le panseur entre dans la bouverie, examine les animaux afin de s'assurer qu'ils ne sont point malades ou enflés, tagés ou météorisés, et il donne une dernière brassée de foin ou de feuilles de choux; il ne doit jamais les forcer en nourriture. Tous les jours, le panseur étrille et brosse les animaux.

En décembre et en janvier, on ne donne aucun aliment à midi, parce que le repas du matin finit vers onze heures. On continue jusqu'en février ou mars le régime précité. En avril, on remplace les choux par du seigle vert, et en mai par du trèfle incarnat et des vesces d'hiver.

Quand les animaux tombent bien, lorsqu'ils sont très en chair, on diminue successivement les aliments humides et on les remplace par des substances farineuses. Dès qu'un *bœuf est fait* ou arrivé à maturité ou qu'il a des maniements, on le livre au commerce; un bœuf qui est *demi-gras* ou *bien fleuri*, se vend toujours aisément sur le marché de Cholet. Il sort du Bocage annuellement de 50,000 à 80,000 bœufs gras ayant une chair d'excellente qualité.

L'engraissement à l'étable ou de pouture dure quatre mois; il doit être dirigé par un panseur intelligent, doux et patient. Ce bouvier ne doit jamais, durant le jour, laisser plus de trois heures s'écouler sans distribuer la nourriture aux animaux qui lui ont été confiés.

Les meilleurs bœufs pour l'engraisseur vendéen, ceux qu'on appelle *bœufs de nature,* sont ceux qui ont travaillé dans les arrondissements de Parthenay, Bressuire et Cholet. Les animaux qui sont ruinés ou très-âgés ou qui ont trop travaillé, s'engraissent toujours très-lentement.

On engraisse aussi des bœufs dans les arrondissements de Civray et de Montmorillon.

Les bœufs qu'on engraisse dans les marais de Machecoul, sont vendus pendant le mois de juin, juillet, août, aux foires de Saint-Gervais et de la Garnache. Le nombre des animaux qui sortent annuellement de ces marais, varie entre 2000 et 3000 ; ces marais ne sont pas praticables avant la fin de juin. Pendant l'hiver et le printemps, les chemins ou charrauds sont d'affreux bourbiers.

La Basse-Bretagne exporte annuellement un très-grand nombre de bêtes bovines à Jersey et à Guernesey.

On engraisse aussi annuellement un grand nombre d'animaux dans la région du sud-ouest appartenant à l'espèce bovine, dans les environs de Meilhan, La Réole, Tonneins, dans la vallée d'Agout (Hautes-Pyrénées), dans les parties fertiles du Périgord et les marais de la Saintonge. La vallée de la Garonne ne connaît que l'engraissement de pouture ou à l'étable ; cet engraissement est long, il commence en juillet et août et se termine en février. Les animaux engraissés sont vendus pour les boucheries de Bordeaux, de Bayonne, de Toulouse, de Carcassonne, de Marseille.

La manière d'engraisser varie suivant les pays. Ainsi, dans la Vendée et le Limousin, on procède de la façon suivante :

Le matin, après avoir nettoyé les crèches et les râteliers, on donne deux ou trois petites brassées de bon foin et l'on conduit les animaux à l'abreuvoir. Pendant qu'ils sont dehors, on prépare leur litière ; on leur distribue des choux ou des raves coupées ; dans le Poitou, des choux principalement. On fait deux ou trois distributions selon que les animaux paraissent avoir plus ou moins d'appétit. On les laisse ensuite reposer jusqu'à midi ; on fait alors une autre distribution de nourriture verte et on laisse les animaux tranquilles. A trois heures, on recommence un repas régulièrement distribué comme celui du matin.

Le soir, vers les neuf heures, quand les nuits sont longues, on donne un réveillon en feuilles de choux ou en raves.

De Dombasle composait ainsi la ration de ses bœufs : foin, 5 livres ; résidus de distillerie, 50 litres par repas ; tourteaux de navets ou de colza, 4 à 5 litres.

M. Grognier, dans son cours de multiplication des animaux domestiques, rapporte que les engraisseurs de la Bresse distribuent journellement à leurs bœufs d'engrais : 30 à 40 livres de fourrage sec, 20 livres de pommes de terre cuites et 20 livres de farine mélangée avec du son. Par cette méthode, l'engraissement est très-rapide, il dure à peine trois mois. M. Vial dit que, malgré cette forte proportion de farine qui est toujours d'un prix élevé, ce mode d'engraissement est très-avantageux. C'est, du reste, aujourd'hui un fait bien démontré, que l'engraissement le plus rapide et le plus intensif est le plus économique et le plus rémunérateur.

Régime mixte. — Nous avons vu comment on

.pourrait produire l'engraissement par le pâturage
.et la stabulation permanente. Ces deux régimes
sont souvent combinés ensemble : c'est ce qu'on
appelle le régime mixte.

Il arrive souvent, comme le fait observer M. Vial,
que l'on commence sur les regains d'automne un
engraissement qui se termine pendant l'hiver dans
l'étable, ou bien on commence l'opération dans la
bouverie à la fin de l'hiver, et on la termine dans
les herbages précoces du printemps pour avoir de la
viande à la fin de juin, époque à laquelle les bœufs
d'hiver sont épuisés et ceux d'été ne sont pas encore
prêts. Ou bien encore on alterne : pendant le jour
on met les animaux au pâturage ; pendant la nuit
on les enferme dans l'étable et on leur distribue
une ration supplémentaire le matin et le soir. Pendant l'été, on les fait sortir deux fois par jour ; au
fort de la chaleur, on les laisse reposer dans la bouverie. Cette manière de procéder est mise en usage
dans le Limousin, le Rouergue, le Quercy, le Jura.
On peut rapporter au régime mixte la méthode anglaise qui consiste à engraisser les bœufs dans les
enclos attenant aux bouveries.

Une précaution que le bouvier devra toujours
prendre, ce sera de ménager la transition du passage des bêtes de l'étable au pâturage et du pâturage à l'étable en mélangeant la nourriture sèche
avec la nourriture verte, et réciproquement.

De l'emploi des condiments pour engraisser le bétail.

Nous savons que l'engraissement le plus rapide et le plus intensif est le plus économique et le plus rémunérateur. Il importe donc extrêmement d'employer tout ce qui peut activer l'engraissement. En fait, le sel est un condiment qui mieux qu'aucun autre produit cet effet. Il excite les animaux à manger davantage, il accroît là sécrétion de la salive et du suc gastrique, il rend la digestion plus prompte, corrige les défauts des fourrages avariés, moisis, poudreux, mal récoltés, humides, en masquant le mauvais goût qu'ils pourraient avoir et augmente leur digestibilité ; il agit même comme aliment en fournissant au corps des matériaux qui entrent dans sa composition.

Le sel est, en effet, un composé de chlore et de soude ; or, ces deux éléments entrent dans la composition des organes et des liquides de l'organisme.

Il ne suffit pas de savoir qu'il est bon de donner du sel aux animaux qu'on engraisse, il faut savoir en outre quelle quantité il convient de leur donner. La dose de sel à administrer doit être de 34 grammes pour le minimum et 117 grammes pour le maximum.

L'emploi du sel sera surtout utile dès que l'engraissement sera déjà en bonne voie et que l'animal perdra de son appétit ; il importera alors de l'exciter à manger.

Le sel n'est pas seulement bon pour exciter.l'appétit des animaux et améliorer la valeur hygiénique et nutritive des aliments. C'est encore un antiputride.

Gaspard rapporte, dans le journal de Magendie, que plusieurs troupeaux de bœufs, nourris avec beaucoup de sel en Hongrie, et amenés ensuite en Hol-

Bœufs hongrois, mammifères.

lande, y échappèrent par une immunité collective aux ravages d'une épizootie qui décimait les bœufs indigènes.

Il est, d'après M. Villeroy, le meilleur antidote

contre le principe vénéneux contenu dans les pommes de terre ; il doit toujours leur être adjoint, surtout quand on les donne crues. Dans toutes ces circonstances son emploi est d'une bonne hygiène. Il faut néanmoins, ici comme en toutes choses, éviter l'abus. Liebig affirme que l'on ne réussirait pas à engraisser les animaux, si l'on ajoutait à leurs aliments une trop grande quantité de sel.

La meilleure règle à suivre est de mettre à la portée des bœufs des blocs de sel gemme ou des sacs remplis de sel ordinaire qu'ils puissent lécher à volonté. Guidés par leur instinct, ils y toucheront peu si les aliments contiennent beaucoup de sel ; si au contraire il ne s'y trouve qu'en petite quantité, ils n'en prendront qu'en proportion de leurs besoins.

La farine est aussi employée à titre de condiment. M. Vial veut qu'on en saupoudre les foins préalablement mouillés, les betteraves, les raves, lorsque les animaux n'y sont pas encore habitués. Cela s'appelle donner à lécher. Quelquefois on fait une pâte dans laquelle on ajoute du sel que l'on donne aux animaux par boulettes de la grosseur du poing, lorsqu'elle a atteint la fermentation acide. Cela se nomme paître ou empâter.

M. Vial recommande aussi la gentiane, qui a, comme tous les amers, la propriété d'augmenter l'appétit par son action tonique sur la muqueuse intestinale. Elle est plus particulièrement marquée dans les cas où l'on peut supposer un commencement d'atonie des intestins, état qui coïncide le plus souvent avec les dernières périodes de l'engraissement. On administre la gentiane en poudre une fois ou deux par jour, à la dose d'une poignée ; quelquefois on la mélange avec du sel.

Boisson

On a remarqué que chez les bêtes à l'engrais qui prennent une nourriture substantielle, auxquelles on fait prendre du sel à titre de condiment, l'eau donnée à discrétion facilitait beaucoup l'engraissement. Aussi est-il indispensable, dans l'engraissement au pâturage, d'avoir des prés traversés par des cours d'eau. A l'étable on donne à boire à chaque repas dans des baquets assez grands pour que les bœufs puissent boire à leur soif. Le bouvier fera attention que l'eau ne soit pas trop froide ; trop chaude, elle serait également nuisible.

Emploi de l'alcool dans l'engraissement.

Des expériences faites en Allemagne paraissent prouver que l'alcool a sur l'engraissement des effets aussi prompts qu'efficaces. On l'emploie sous forme d'eau-de-vie donnée à dose de 1 à 5 décilitres, additionnée d'une quantité égale d'eau après chaque repas. En hiver, vers la fin de l'engraissement, alors que l'appétit est diminué, l'eau-de-vie produit une certaine excitation qui favorise la nutrition.

Les bœufs de trait.

La zootechnie enseigne que l'animal d'espèce bovine spécialement voué au travail, et n'allant à la boucherie qu'après avoir épuisé ses forces locomotrices par une longue carrière, produit le tout, travail et viande, au prix de revient le plus élevé. D'un autre côté, l'économie rurale nous apprend que, dans de certaines conditions déterminées par la zootechnie, les bêtes bovines sont celles qui fournissent au meilleur compte la force nécessaire pour l'exécution des travaux agricoles, pour la traction des instruments de culture et des véhicules employés au transport des engrais et des récoltes, parce qu'ils créent en même temps du capital et du

revenu. Le problème à résoudre pour le propriétaire et pour le bouvier, c'est de faciliter autant que possible la conciliation entre les deux fonctions de travail et de la production de la viande. Pour cela il faut répartir les travaux à exécuter sur un nombre aussi considérable que possible d'individus, en restreignant ainsi pour chacun la quantité de force qu'il aura à fournir.

Chez l'animal spécialisé pour le travail, qui fournit intégralement celui dont il est capable, le prix de revient de ce travail se calcule en évaluant la ration de production qu'il consomme, plus la déperdition subie par le capital qu'il représente.

Alimentation des bêtes de trait.

Elle doit nécessairement être différente de celle des vaches laitières et des bœufs destinés à l'engraissement.

Des recherches récentes ont montré que les muscles en fonctionnant ont besoin d'une quantité considérable de substances non azotées qu'il importe de fournir aux animaux soumis à un travail pénible. De là l'heureux effet des grains égrugés sur les animaux qui travaillent beaucoup.

Nous ferons observer au bouvier que pendant le travail l'acte de la rumination s'accomplit avec moins de calme et de régularité ; il ne faut donc pas donner aux bœufs de trait une ration trop volumineuse, une quantité trop grande de substances sèches. On peut indiquer comme une bonne moyenne 25 kilogr. par 1000 kilogr. de poids vif. Le docteur Kuhn, qui a parfaitement étudié la question, dit que quelques kilogr. en plus ou en moins sont cependant sans inconvénient.

Le bouvier devra se rappeler encore qu'une trop grande proportion d'eau dans les liquides nutritifs destinés aux muscles, qu'un dépôt trop considérable de graisse entre les faisceaux musculaires diminue leur force de tension ; un muscle gros, mais sec et relativement maigre, possède la plus grande force.

Le bouvier évitera donc autant que possible une

alimentation trop aqueuse, de même qu'une trop grande formation de graisse. On empêche la formation de graisse à l'aide de l'emploi modéré des animaux, et on évite une alimentation trop aqueuse en donnant des fourrages secs avec des boissons chaudes. Aux plantes sarclées trop aqueuses, le bouvier ajoutera de la paille hachée, il combattra l'influence nuisible des pulpes qui contiennent beaucoup d'eau, par l'addition d'une grande quantité de fourrages bruts.

Dans la détermination spéciale de la ration du bœuf de trait, il faut considérer avant tout que l'avantage de l'entretien du bœuf de trait comparé à celui du cheval provient principalement de la moindre cherté de l'alimentation. On donne au cheval, sous le rapport de la durée du travail, des fourrages concentrés à l'aide de grains alimentaires très-chers; mais cela n'est pas généralement possible pour le bœuf, et on doit même l'éviter soigneusement, si ce n'est quand il travaille beaucoup.

L'alimentation la plus économique du bœuf de trait est le pâturage, mais elle n'est guère possible quand on lui demande beaucoup de travail.

Le fourrage vert donné à l'étable doit se composer de préférence de trèfle mélangé d'herbe ou de mélanges de vesces avec addition de 2 à 2,50 kilogr. de paille, et quand on demande beaucoup de travail à l'animal, le bouvier devra donner 1,50 à 2 kilogr. à midi. Il aura soin de toujours mélanger au foin de la paille hachée et, à défaut de foin, il y suppléera par des grains égrugés et des tourteaux.

L'alimentation en vert des bœufs de trait devra toujours commencer plus tard que celle des vaches. Il vaut mieux en effet que le trèfle ait crû davantage car alors il relâche et appauvrit moins le bœuf. Une fois la seconde coupe de trèfle terminée, on peut donner du maïs additionné d'une certaine quantité de tourteaux ou d'autres fourrages convenables.

Dès que la récolte de pommes de terre est avancée, on commence l'alimentation aux racines. Kuhn dit que les pommes de terre valent mieux que les betteraves pendant les travaux.

Dans les exploitations où l'on a de la pulpe pressée à sa disposition, elle est employée avec succès mélangée de fourrages bruts hachés et de tourteaux.

Les tourteaux de colza, à la dose de 2 kilogr. par tête et par jour, constituent un excellent fourrage concentré.

L'hiver, quand les bœufs ne font rien, il devient inutile de continuer l'alimentation de travail, mais la transition ne doit pas se faire brusquement; de même lorsque recommencent les travaux de printemps.

Le bouvier se rappellera aussi que les bœufs de réforme destinés à l'engraissement d'hiver doivent être ménagés autant que possible à l'automne. De même les jeunes bœufs en pleine croissance doivent être aussi ménagés dans le travail jusqu'à l'âge de quatre à cinq ans. Le bouvier devra, pour les faire rester en pleine croissance, leur donner pendant l'hiver un peu plus que la ration d'entretien.

Pour obtenir tout le bon effet des animaux de travail et aussi une complète utilisation des fourrages, le bouvier devra tenir son étable propre, saine, avec une température modérée, et bien brosser et frictionner ses bêtes; il leur donnera, quand ils

sont au repos, des boissons tièdes deux fois par
jour. quelque temps avant le repos de midi et avant
celui du soir, et trois fois par jour à l'époque du
travail. Il ne les soumettra qu'à un travail modéré
et uniforme sans jamais les surcharger. Pendant les
grandes chaleurs, il les attellera de bonne heure et
les détellera tard, en ayant soin de les faire reposer
longtemps à midi pour ne pas les exposer aux ardeurs du soleil, qu'ils supportent moins bien que
les chevaux.

Il ne faut pas oublier que les bœufs de trait se
conservent longtemps et donnent généralement un
travail à bon marché, lorsqu'ils proviennent d'un
bon élevage ou qu'ils ont été bien choisis lors de l'a-
chat, et lorsque le bouvier leur donne de bons soins
et une alimentation normale toujours suffisante. Les
bons soins, dans la première année, exercent une
grande influence sur leur durée et les animaux qui
n'ont été castrés qu'à l'âge d'environ neuf mois sont
plus forts, plus puissants que ceux qui ont été castrés pendant l'allaitement.

Quant à la race, il est reconnu que ce n'est pas
dans les races bovines les plus grandes que l'on
trouve les animaux les plus propres à faire de bons
bœufs de labour. Les races auvergnate, charollaise,
comtoise, limousine, du Quercy, etc., sont généralement celles qui paraissent posséder au plus haut
degré les qualités requises pour cet emploi. Les
bœufs parthenais sont aussi utilement employés
pour les travaux des champs.

Dressage, attelage et ferrure des bœufs employés comme bêtes de trait.

Dressage. — En général on ne fait travailler les jeunes bœufs qu'après les avoir châtrés. C'est depuis l'âge de deux ans jusqu'à trois que l'on opère la castration ; cependant il serait plus avantageux de la faire plus tôt, quoiqu'elle n'entraine pas habituellement de grands accidents, surtout quand elle est faite par le procédé du bistournage.

Le bœuf a besoin d'une sorte d'éducation préliminaire avant d'être attelé et de travailler. Mais là encore il est on ne peut plus important d'avoir un bouvier patient et doux. Il arrive quelquefois que les jeunes bœufs font d'abord beaucoup de difficulté pour se laisser atteler et surtout pour tirer : si on les maltraite et si on les rudoie, on peut en quelque sorte les *butter* et alors ils deviennent vicieux et peu propres au travail. Il faut, dans ce cas, faire surtout usage de patience, de bons traitements, et n'employer les corrections qu'avec réserve et à propos.

Avant de les atteler, le bouvier doit accoutumer les jeunes bœufs à se laisser toucher les pieds, à les lever comme dans l'opération du ferrage et aussi à supporter le joug.

Il sera bon, pour accoutumer un jeune animal au travail, de l'accoupler avec un vieux bœuf, bien docile et assez fort pour traîner à lui seul la charrette à laquelle tous les deux sont attelés ; ou bien on place une paire de jeunes bœufs encore inexpérimentés entre deux paires de bœufs habitués au travail. Dans cette position, les jeunes sont entraînés par les anciens entre lesquels ils se trouvent placés.

On parvient à accoutumer les jeunes bœufs à tirer même quand ils sont à l'étable par un procédé que M. Villeroi décrit en ces termes :

On harnache la bête; on l'attache à la crèche à l'aide d'une chaîne qui coule dans un anneau ; au bout de cette chaîne se trouve un poids, de manière que le bœuf a la faculté de s'approcher ou de s'éloigner de la crèche. Un autre poids d'une pesanteur d'environ un quintal ou plus, selon la force de l'animal, est attaché à une corde qui passe derrière lui, par-dessus un bois arrondi disposé transversalement entre deux poteaux ; à l'autre bout de la corde est attaché un trait ; le poids repose à terre lorsque le bœuf se retrouve éloigné de la crèche de toute la longueur de sa chaîne d'attache. Lorsqu'on remplit le râtelier de fourrage, le bœuf s'avance pour manger et par conséquent est obligé de tirer après lui le poids suspendu à la corde; lorsqu'il a fini son repas et qu'il veut se coucher pour ruminer, il ne le peut qu'en se reculant jusqu'à ce que le poids se retrouve à terre. Par l'habitude qu'il contracte d'être obligé de faire un effort pour atteindre jusqu'à son râtelier, le jeune bœuf, une fois attelé, n'éprouve aucune difficulté à tirer.

Attelage des bœufs. — On s'est demandé si l'on devait plutôt atteler les bœufs au collier qu'au joug. La manière la plus commune consiste à les réunir par paires au moyen d'un joug commun ; néanmoins on se sert du collier dans certains pays.

Le joug est le moyen le plus simple et le plus économique ; il n'exige pas de harnais ; une courroie de cuir suffit pour l'assujettir, et tout l'effort de l'animal se trouve concentré dans les muscles du cou et de la tête. Le bœuf ne tire pas, mais il pousse, le joug se prête mieux à cette action. Il faut aussi savoir que la bouche du bœuf par sa conformation ne se prête pas à recevoir une bride, non plus que son fanon et son poitrail à recevoir un collier.

Deux bœufs au joug attelés à une charrue ont une très-grande force, parce qu'ils peuvent être attelés très-court et que par la manière fixe dont ils sont attachés au joug, et le joug au timon de la charrue, celle-ci vacille beaucoup moins : il en résulte plus de régularité dans le travail. Avec le double joug, on dresse et l'on maîtrise plus facilement les bœufs ; il convient mieux dans un pays où l'on élève, où l'on engraisse et où le but principal n'est pas d'obtenir des animaux de trait.

Mais dans les pays où le travail est la principale destination des bœufs, où, par conséquent, le même fermier les conserve plusieurs années, le collier est préféré, parce que les bœufs s'y trouvent plus à l'aise et plus libres et qu'ils peuvent marcher plus vite. Il n'est pas besoin qu'ils soient appareillés et égaux en taille et en force comme lorsqu'ils sont attelés au joug. On peut, dans une ferme où l'on emploierait en même temps des chevaux, se servir des mêmes charrues et des mêmes charrettes que pour ces derniers, tandis que pour les bœufs au joug il faut une charrette et une charrue à timon. On a aussi la facilité, en employant le collier, de pouvoir n'atteler qu'un bœuf, ce qui est souvent fort commode quand on n'a à faire que des charriages de matières peu lourdes.

Villeroy fait remarquer avec raison que dans un

pays montueux, dans les champs dont la pente est rapide, où l'on rencontre des rochers, des ravins, et où, par conséquent, les bœufs sont placés très-souvent dans une position pénible, l'un plus élevé que l'autre, ils souffrent beaucoup d'être fixés l'un à l'autre par le joug; il en résulte même parfois des accidents. Par contre, si les bœufs tirent avec des colliers dans des montagnes et dans de mauvais chemins, ils ont beaucoup plus de peine à diriger le timon, et pour qu'il leur soit possible de retenir le chariot, il leur faut un harnais complet avec avaloires comme à des chevaux. Marchant généralement la tête basse, ils reçoivent fréquemment des coups de timon qui peuvent être dangereux.

La plupart des jougs sont mauvais, parce qu'ils sont trop droits; les bœufs portent alors le nez au vent et perdent une grande partie de leur force; un bon joug doit être cintré de manière que le point de tirage corresponde au milieu du front de l'animal.

Il y a d'autres jougs qui se fixent sur la nuque. Avec ceux-ci, les cornes supportent l'effort de la traction; avec les autres, c'est le front. Le joug frontal est très-certainement préférable au joug de nuque et aussi au joug de garrot, qui n'est à proprement parler qu'une sorte de collier. N'est-il pas évident que, par la disposition de son appareil locomoteur, le bœuf est plutôt fait pour tirer par la tête que par les épaules? La direction de sa tige vertébrale, le peu de longueur relative et l'épaisseur de son encolure l'indiquent suffisamment.

Mais, si forts que soient les bœufs, il est bien entendu qu'ils ne doivent être attelés qu'à des voitures agricoles et non point aux gros ni aux longs

transports sur les routes. Dès lors les voitures qu'ils tirent roulent presque exclusivement **sur les** chemins ruraux rarement empierrés et sur les terres labourées. Aussi doit-on avoir soin de disposer les voitures dans les conditions de tirage que présentent ces chemins et ces terres. Or il résulte des recherches de mécanique pratique exécutées expérimentalement par le général Morin, que la résistance opposée au tirage par les terrains compressibles comme ceux des chemins non empierrés et des terres labourées décroît à mesure que la bande des roues de la voiture augmente. Il importe donc d'avoir aux voitures des roues à jantes **larges**, et si l'on veut diminuer les résistances de frottement opposées par les essieux sur lesquels roulent les moyeux des roues, il faut des roues bien boîtées avec des essieux de fer.

Quant au tirage des instruments agricoles, la force nécessaire pour mouvoir les charrues, les herses, dépend de nombreuses conditions variables, parmi lesquelles sont en première ligne la ténacité du sol dans lequel ces instruments fonctionnent et la profondeur de la couche où ils doivent pénétrer.

Ainsi que le fait observer M. Sanson, la variabilité même de ces conditions nous met dans l'impossibilité d'essayer de les déterminer avec quelque précision. C'est une question d'expérience et d'observation pour chaque cas.

Ferrure des bœufs. — Dans les conditions les plus ordinaires de l'emploi des bêtes bovines, leur corne ne s'use pas au delà de ce qui est nécessaire pour maintenir les onglons à leur longueur normale; dans ce cas, les bœufs n'ont pas besoin d'être ferrés.

Mais il n'en est plus de même dès qu'elles doivent cheminer sur des routes empierrées plus ou moins dures, surtout si les matériaux de ces routes sont granitiques ou siliceux; l'usure atteindrait bientôt les parties vives, si les ongles n'étaient protégés par une ferrure convenable. Cette ferrure est assez simple, car chez les bêtes à pieds fourchus, se prêtant par l'indépendance des mouvements des onglons à toutes les inégalités du sol, et dont l'allure est toujours plus lente, il n'y a qu'à s'occuper de protéger la corne contre l'usure en la revêtant d'une sorte de semelle de fer, et avoir soin que les clous ne blessent ni ne compriment les parties vives sous-cornées. Ces fers, peu épais, ont la figure du quart d'une ellipse. Ils doivent être un peu concaves dans leur face supérieure pour s'accommoder à la forme du sabot, qui est légèrement saillant au milieu; leurs bords sont un peu relevés. Ils sont fixés au moyen de clous et d'une languette longue et flexible, qui part du bord interne et qu'on applique sur le sabot dans sa face interne et antérieure.

Nous terminerons ce chapitre sur les bêtes de trait en faisant observer au bouvier que, si le bœuf peut travailler plus longtemps chaque jour que le cheval, parce que son tempérament est plus calme, ses mouvements plus lents, et qu'il se dépêche moins, il craint plus que le cheval la chaleur.

Par la manière dont il est attelé, par la gêne qu'il éprouve dans ses mouvements, il se défend moins bien des mouches que le cheval, qui, à l'aide de sa queue, s'en débarrasse aisément. Aussi le bouvier doit-il avoir soin, dans les grandes chaleurs, de couvrir les bœufs avec une grande toile et de leur placer sur la tête quelque rameau garni de ses feuilles, pour les préserver autant que possible de la piqûre incommode des mouches et surtout des taons. Notons enfin que la période de la vie de travail du bœuf s'étend depuis l'âge de deux ans et demi ou trois ans, jusqu'à huit ou neuf ans. Ce n'est pas qu'à cet âge ses forces soient épuisées ; il est au contraire très-vigoureux, mais il ne faut pas attendre trop longtemps, afin de l'engraisser plus facilement. Passé cet âge, en effet, l'engraissement devient plus difficile et plus dispendieux.

Maladie des bêtes bovines.

Mieux vaut prévenir que guérir. Un bon vacher et un bon bouvier auront certainement beaucoup moins de bestiaux malades que les vachers ou les bouviers qui n'aiment point leurs bêtes, qui les rudoient et les soignent mal. Les animaux conduits par des domestiques violents, irascibles, sans intelligence et sans cœur, se portent souvent mal ; ils travaillent avec moins de courage, leurs produits ont moins de valeur.

Exercée sur les bêtes de boucherie, la cruauté, dit M. Magne, a des suites funestes ; un coup qui n'aurait eu aucune conséquence apparente chez un animal qu'on aurait laissé vivre, en déprécie la viande, si on le tue après qu'il a été frappé. Le sang est attiré sur les parties blessées et y forme une fluxion ; la chair devenue noirâtre, imprégnée de fluide, a un mauvais goût et se conserve peu de temps.

Si les animaux sont très-gras, un coup peut déterminer la gangrène et rendre la viande insalubre.

D'ailleurs, les animaux gras sont dans de mauvaises conditions pour résister à des actes de brutalité; une plaie, une contusion qui n'aurait aucune suite grave sur un animal vigoureux habitué à la fatigue, peut devenir charbonneuse chez une bête très-grasse, molle, dont les tissus sont sans force de réaction.

A plus forte raison, cette funeste terminaison des plus légers accidents se montre-t-elle quand les animaux viennent de quitter leurs herbages ou leurs étables; quand, après avoir joui du plus grand bien-être, ils sont fatigués, mal nourris et brutalisés tantôt par les chiens, tantôt par leurs conducteurs.

Les lésions les plus graves se produisent quelquefois avec une très-grande rapidité et sans causes apparentes. Des bœufs gras qui paraissent très-vigoureux, exposés à des souffrances aiguës, présentent peu de temps après à l'abatage tous les signes d'affections putrides et fournissent de la viande malsaine.

La fatigue seule peut produire ces graves altérations en très-peu de temps sur les herbivores en général et sur les ruminants en particulier. La chair d'animaux surmenés a souvent déterminé les maladies les plus graves.

M. Magne va plus loin : il affirme que la brutalité même sans violences physiques peut agir sur la constitution des animaux. Continuellement chagrinés, les animaux conduits avec cruauté digèrent mal, ont le poil terne et la peau adhérente; soit qu'ils manquent de tranquillité, soit que leur constitution ait été altérée, soit qu'ils craignent l'homme, ils ne profitent ni de la nourriture qu'ils consomment, ni des soins qu'on leur donne.

Tous les nourrisseurs savent que les bœufs qui aiment le bouvier, qui le recherchent, qui reçoivent ses soins et ses caresses avec plaisir, sont infiniment plus faciles à engraisser que ceux qui ne sentent approcher le bouvier qu'avec méfiance.

L'influence de la brutalité se fait même sentir *sur les races*. Les animaux soignés, caressés, quoique travaillant beaucoup, se développent bien, tandis que ceux qui sont malmenés restent rabougris, deviennent faibles, chétifs et procréent des individus qui leur ressemblent.

Il est donc bien certain que les bons traitements ont une influence marquée sur la santé des animaux, mais il faut y ajouter encore les bons soins.

Un vacher qui sait bien soigner ses bêtes épargne beaucoup de visites de vétérinaire à son maître; mais, malgré tous ses bons soins, les animaux sont souvent exposés à des maladies épidémiques, à des influences de climat auxquelles il est difficile de les soustraire, aux accidents de toute nature qui peuvent arriver et qu'on ne saurait prévoir. Les vachers non plus que les bouviers ne peuvent et ne doivent être vétérinaires; il y a même un certain danger à ce qu'ils aient cette prétention, car ils peuvent commettre beaucoup d'erreurs dans l'appréciation des maladies, et, sous prétexte d'être plus savants, ils rendent de très-mauvais services. Mais si le bouvier et le vacher doivent rarement remplir les fonctions de vétérinaire, il importe extrêmement qu'ils sachent reconnaître quand les animaux commencent à être malades, de façon à prévenir leur maître aussitôt qu'une maladie se déclare.

Pour qu'un vacher ou un bouvier reconnaisse que ses bêtes sont malades, il faut d'abord qu'il sache quelles sont leurs attitudes quand elles sont en bonne santé.

A l'état de santé les bêtes bovines ont la peau souple, elle se détache facilement lorsqu'on la pince entre les doigts ; les poils sont lisses et luisants.

Lorsque l'heure du repas approche, les vaches et les bœufs commencent à beugler, ils s'agitent en sortant fréquemment la langue de leur bouche.

Après le repas, le bœuf et la vache se couchent pour ruminer ; lorsqu'on les entend remâcher leurs aliments, cela est un bon signe ; leurs excréments ne sont ni trop secs ni trop humides. Quant à la respiration, le vacher doit savoir que ses animaux respirent, quand ils sont adultes, 15 à 18 fois par minute, 18 à 21 s'ils sont jeunes, 12 à 15 seulement s'ils sont vieux.

La membrane du nez révèle l'état de la circulation. Le bout du nez chez le bœuf et la vache en bonne santé est constamment frais et humecté par un liquide visqueux qui perle en gouttelettes.

Les battements du cœur chez les animaux bien portants se perçoivent faiblement en appliquant la main sur le côté gauche de la poitrine, en arrière de l'épaule et en bas.

Dans l'état de santé, on remarque que les contractions du cœur et les pulsations se correspondent exactement.

L'exploration du pouls, se fait particulièrement aux artères coccygiennes situées à la face inférieure de la base de la queue. On saisit en haut la queue avec ses deux mains, les pouces en dessus, et la pulpe des deux premiers doigts pressant légèrement sur les artères qui rampent de chaque côté des os coccygiens.

Le nombre normal des battements du pouls est un des principaux signes de santé ; il importe beaucoup au vacher de le connaître. En moyenne chez le bœuf et la vache, le pouls bat de 45 à 50 fois par minute.

Les vaches et les bœufs bien portants se lèvent lentement en soulevant le dos pour l'étendre ensuite. Souvent aussi ils étendent l'un ou l'autre des membres postérieurs par des contractions musculaires lentes dans lesquelles ils semblent se complaire. C'est là un signe certain de l'absence de toute souffrance aiguë de quelque importance.

Mais, dès que ces signes de bonne santé commencent à manquer, il faut craindre un état morbide. Alors le vacher remarque chez ses bêtes de la tristesse, de l'abattement, du dégoût ; la rumination est considérablement diminuée, elles ont plus ou moins de difficulté à se coucher et à se relever, les yeux devienent sombres, éteints ou étincelants ; on constatera le froid des cornes, des oreilles ou leur extrême chaleur, la sécheresse et l'ardeur de la langue et du nez.

La couleur jaunâtre des lèvres, de la langue, des yeux, de l'intérieur des oreilles et de la peau, les battements ou l'agitation des flancs ; les mugissements répétés et plaintifs, les efforts continuels pour uriner, les diverses colorations des urines, la dureté ou la trop grande fluidité de la bouse, sa couleur jaune ou noire , le sang dont elle est mêlée quelquefois, la supression de l'humeur muqueuse qui découle par les naseaux ou sa trop grande abondance ; leur sécheresse, leur chaleur, celle de l'air qui en sort ; le poil rude, terne, sombre, peu adhérent à la peau qui est sèche ; les tumeurs, les enflures etc. : tels sont les premiers symptômes qui indiquent à un vacher intelligent que ses bêtes sont malades.

Le vacher qui aura quelques notions sur les maladies des bestiaux ne reconnaîtra pas seulement aux signes généraux que nous venons de donner, l'altération de santé de ses animaux, il devra pouvoir aussi saisir les signes spéciaux des maladies les plus communes, que nous allons sommairement décrire.

Maladies aiguës

Les maladies aigues se montrent surtout chez les vaches et les bœufs dans les organes de la digestion, de la respiration et de la circulation.

MALADIES DU TUBE DIGESTIF. — Les maladies du tube digestif se manifestent par une diminution de l'appétit; et dans les cas graves, par un refus complet des aliments et des boissons, avec fièvre et une soif exagérée.

Indigestion. — L'indigestion est une des maladies les plus fréquentes chez les vaches et surtout chez les bœufs qu'on pousse à l'engraissement; elle est spécialement déterminée lorsqu'on donne aux bestiaux des aliments trop secs, ou des herbes vertes mouillées ou en fermentation, et surtout lorsqu'on les fait passer trop brusquement de la nourriture verte à la nourriture sèche. Les fourrages avariés, l'eau de mauvaise qualité, le refroidissement, peuvent aussi déterminer l'indigestion. L'indigestion peut être également la conséquence d'une irritation ou d'une faiblesse de l'intestin.

Le vacher reconnaît qu'une de ses bêtes a une indigestion quand elle perd son appétit, que la rumination est suspendue, le ventre ballonné, qu'elle est constipée, ou qu'elle a de la diarrhée. Au degré plus avancé, c'est-à-dire quand l'indigestion est plus grave, l'animal s'agite, le ventre se tend considérablement, surtout du côté gauche, le pouls s'accélère, la face se grippe, la respiration devient difficile et la suffocation peut paraître imminente. Souvent il y a dégagement de gaz, surtout quand l'indigestion est due à certains aliments verts, comme la luzerne, le trèfle. Alors, si l'on frappe sur le ventre, il résonne comme un tambour; dans ce cas, l'indigestion se nomme *tympanite*. Le vacher n'oubliera pas que certaines plantes âcres et vénéneuses mélées aux aliments peuvent aussi la faire développer; telles sont la colchique, la renoncule, etc.

Traitement. — L'intervention du vacher est surtout utile au début de la maladie; alors quelques soins suffisent pour la faire avorter. Dès que le vacher reconnaît les symptômes de l'indigestion, il doit promener l'animal lentement, en ayant soin de passer dans sa bouche un lien de paille dont les extrémités sont liées derrière les oreilles, puis il le bouchonne fortement pour activer la circulation capillaire. Par ces seules précautions, il arrive souvent que la bête commence à fienter et à uriner.

Si ces premiers moyens ne réussissent pas, le vacher devra suivre l'excellent conseil de M. Vial, administrer, à une demi-heure d'intervalle, trois ou quatre doses d'une forte décoction de café, un demi-litre chaque fois; ou bien le vacher pourra encore faire dissoudre deux poignées de sel marin dans de l'eau et il fera avaler ce breuvage à sa vache ou le bouvier à son bœuf.

Si le ventre est fortement distendu, le vacher pourra donner de l'eau de chaux, 30 grammes sur deux litres d'eau, ou encore de l'alcali volatil à la dose de 15 grammes dans deux litres d'eau. Ces substances déterminent la condensation des gaz dans l'intestin.

Si ces moyens ne suffisent pas, c'est au vétérinaire à intervenir et à faire la ponction ou l'incision du rumen.

Quand l'indigestion est causée par des aliments trop secs, des fourrages poudreux ou moisis, l'animal n'est pas météorisé ou ne l'est que très-peu, et il a les symptômes d'une affection grave, de la fièvre, de la constipation et des coliques, que nous allons décrire tout à l'heure.

Le traitement de cette indigestion consiste à faire dissoudre un 1/2 kilogr. de sulfate de soude dans 5 litres d'infusion de camomille; on donne un litre de cette boisson toutes les heures.

Indigestion avec diarrhée. — Les racines, surtout les pommes de terre crues, peuvent occasionner une indigestion accompagnée de diarrhée; si, comme le fait observer avec raison Villeroy, les pommes de terre cuites à la vapeur sont excellentes pour tous les animaux, les pommes de terre crues sont, au contraire, très-dangereuses.

Les feuilles de betteraves données en trop grande quantité produisent le même effet, ainsi que le vert donné outre mesure au printemps.

Traitement. — Le meilleur moyen d'arrêter la diarrhée, c'est de supprimer les aliments qui l'ont déterminée, ou de les continuer en ayant soin de les faire cuire et en les mélangeant à du fourrage sec.

Indigestion d'eau. — Il arrive quelquefois en été que les bœufs boivent une grande quantité d'eau froide ; dans ce cas, les animaux ont des coliques intenses, mais sans fièvre, leurs muqueuses ne sont pas injectées.

Traitement. — Le bouvier aura soin de tenir ses bêtes chaudement, de leur donner une infusion de tilleul ou bien de leur faire prendre un litre de vin chaud, dans lequel il mettra une pincée de camomille ou de clous de girofle.

Entérite, Coliques. — On appelle entérite l'inflammation des viscères abdominaux ou plus simplement des intestins. Quand cette inflammation est très-aiguë, qu'elle se développe rapidement, elle est toujours accompagnée de coliques et de congestion de l'intestin.

Le vacher reconnaîtra qu'une vache a une entérite si elle est abattue, si elle s'éloigne de la crèche et si elle a une soif ardente. Ses yeux sont brillants, injectés, le pouls fréquent, quelquefois déprimé ; les battements du cœur sont accélérés, la respiration profonde ; la bête pousse des gémissements, elle tremble, elle gratte des pieds de devant, frappe le sol avec ceux de derrière ; elle regarde souvent son ventre, elle se couche pour se relever aussitôt : c'est là le symptôme des coliques, dont la violence est accusée par la répétition plus ou moins fréquente de ces mouvements.

La douleur qui les occasionne et qui porte le nom de tranchée, est quelquefois tellement forte que l'animal perd tout instinct de conservation et se laisse tomber sur le sol comme une masse inerte. Dans ces chutes violentes, les intestins, distendus par des aliments ou des gaz, sont exposés à des ruptures mortelles.

Ces coliques, comme le fait observer M. Sanson, provoquent toujours un ralentissement de la circulation intestinale, qui se termine bientôt par la congestion sanguine des organes contenus dans la cavité du ventre. Lorsque cette congestion n'est pas elle-même le point de départ des coliques, elle vient toujours au moins compliquer la maladie, et dans la plupart des cas elle détermine la mort.

Le vacher doit savoir reconnaître les coliques déterminées par l'entérite; celles-ci sont toujours très-vives et amènent chez les animaux une très-grande agitation, ce qui n'a pas lieu dans les coliques déterminées par d'autres maladies.

Les coliques par indigestion se reconnaissent au pouls, qui est dur et plein, et quelquefois à la diarrhée avec mauvaise odeur, ténesme et rapport.

Les coliques, dans la rétention d'urine, se reconnaissent en ce que l'animal se campe pour pisser et n'y parvient qu'incomplètement ou point du tout. La vessie se gonfle et devient douloureuse.

L'animal se couche et se relève précipitamment, la colonne vertébrale se courbe latéralement tantôt dans un sens, tantôt dans l'autre. La queue levée s'agite et se tord. L'animal se frappe alternativement le ventre avec l'un ou l'autre des membres postérieurs ; sa physionomie est anxieuse. Au-dessous de l'anus, on voit un cordon saillant qui bondit comme pendant l'expulsion de l'urine normale : c'est le canal de l'urètre qui se contracte pour vaincre l'obstacle qui s'oppose au passage de l'urine. En introduisant la main par l'anus, on sent la vessie distendue et formant une poche volumineuse et résistante.

Dans les coliques dues à l'existence des calculs des égagropiles, l'animal se campe comme précédemment et de plus il regarde son ventre, le mord, il gratte des pieds et prend des positions extraordinaires.

Les coliques dans les hernies sont faciles à reconnaître, car on voit la hernie faire saillie sous la peau, ou bien' on sent la sortie des intestins de la cavité pelvienne.

Les coliques dues à l'indigestion causée par l'eau froide ou à des vents sont peu caractérisées et d'une courte durée.

Les coliques dues à la présence des vers sont généralement précédées d'un appétit vorace et l'animal rend quelques vers par l'anus.

Traitement. — Les coliques de l'entérite ont toujours une terminaison rapide. A leur début, il n'est jamais possible de prévoir si cette terminaison sera funeste ou heureuse. Dès leur première apparition, le vacher fera bien de conseiller d'appeler le vétérinaire. Néanmoins, en attendant son arrivée, il aura soin de frictionner sa bête avec des bouchons de paille imprégnés de vinaigre très-chaud ou d'essence de térébenthine.

Dans les coliques avec congestion, il faut employer le même traitement et saigner énergiquement, saigner à blanc jusqu'à ce que la réaction de chaleur se manifeste à la peau. Les coliques par indigestion nécessitent la ponction. Dans les fermes isolées, éloignées des vétérinaires, il est utile que le vacher sache faire cette petite opération. Il est bon aussi de donner des lavements avec de l'eau chaude d'abord, puis avec des décoctions irritantes de tabac, avec une dissolution d'eau de savon, ou encore avec de l'huile de lin, ou de l'essence de térébenthine étendue d'eau ; ces liquides agissent sur les dernières portions de l'intestin en les excitant et ils concourent à rétablir la digestion arrêtée.

Dans tous les cas de colique, M. Sanson fait observer avec raison qu'on abuse en général beaucoup du lavement. Ils ne peuvent jamais être nuisibles, il est vrai ; mais ils ne sont utiles qu'à la condition de n'être pas trop répétés ; administrés coup sur coup, ils sont tout de suite expulsés et n'ont pas le temps d'agir. Le plus qu'on en doit donner est un par quart d'heure.

Il importe que le vacher sache administrer un lavement ; il doit placer la seringue de manière à ne pas blesser l'animal, la tenir bien droite et avoir soin de ne pas pousser le piston trop fort. La seringue doit être grande, car la dose des lavements est de deux litres chaque fois et le contenu doit être toujours tiède.

Fièvre aphteuse ou cocotte. — La fièvre aphteuse ou cocotte est encore connue sous le nom de bouche ulcérée, bouche chancrée, maladie aphteuse, épizootie aphteuse, parce que pouvant se transmettre par contagion, elle peut aussi sévir sur un grand nombre d'animaux à la fois.

Le vacher reconnaîtra que ses bêtes sont atteintes de cocotte quand il remarquera dans la bouche, aux pieds et sur le pis, une éruption de vésicules remplies de liquide qui, une fois crevées, laissent à leur place une érosion, une plaie superficielle très-douloureuse. Le vacher ne s'aperçoit guère de cette maladie que lorsqu'elle siége aux pieds et que les animaux se mettent à boiter.

L'éruption est précédée d'un mouvement fébrile qui s'accuse par de la tristesse, de la perte d'appétit, des frissons, des tremblements des muscles, des membres. Le mufle est sec, la bouche chaude et également sèche, d'abord rouge et douloureuse, puis remplie d'une salive abondante et filante.

Lorsque l'éruption doit avoir lieu aux pieds, autour des onglons et principalement entre les deux, il y a des piétinements, les quatre membres se rapprochent et l'animal demeure le plus souvent couché. La marche est très-difficile, il y a gonflement et rougeur à la couronne, aux talons et aux paturons, puis il se forme des ampoules sur tout le pourtour de la couronne et entre les ongles. Il en suinte d'abord une sérosité jaune qui s'épaissit ensuite et exhale une odeur fétide. Comme dans toutes les fièvres, il y a quatre périodes distinctes : une d'incubation pendant laquelle l'animal couve la maladie et est en proie à la fièvre, une d'éruption, une d'ulcération, enfin la quatrième, qui est caractérisée par la dessiccation et la cicatrisation.

Le vacher doit bien faire attention à cette maladie, car lorsqu'elle est négligée, les plaies sont nombreuses, il y a des croûtes au pis, et quelquefois les onglons se décollent, la sécrétion du lait diminue, les bêtes maigrissent et quelquefois meurent.

Traitement. — Le vacher devra d'abord isoler l'animal et le tenir proprement dans un lieu aéré; il suprimera les aliments secs et donnera de l'herbe, des racines et des soupes. Il ne faut pas employer le lait des vaches atteintes de fièvre aphtheuse. Les auteurs sont d'accord pour s'abstenir de tout autre traitement si la maladie est bénigne ; certains prétendent que tous les remèdes astringents irritants et les saignées sont nuisibles. Cependant, dans certains cas, le vacher se trouvera bien de faire une décoction d'orge miellée, à laquelle il ajoutera du vinaigre et de l'acide chlorhydrique (esprit de sel) ; et, à l'aide d'un morceau de linge usé, fixé à l'extrémité d'un petit bâton, et qu'il trempera dans la décoction, il touchera les plaies de la bouche. Quand la maladie siége aux pieds, il faudra employer des lotions avec de l'extrait de saturne étendu d'eau ; si l'animal boite beaucoup et qu'il y ait engorgement, on aura recours aux cataplasmes de farine de lin ou de son bouilli.

Fièvre vitulaire. — La fièvre vitulaire, connue également sous le nom de *collapsus du part*, est, d'après les études que M. Sanson en a faites, une affection due à un trouble produit dans le rétablissement régulier de la circulation utérine par le refroidissement subit du corps après le vêlage. Le sang qui engorge la matrice à ce moment est brusquement chassé dans les organes voisins qu'il congestionne et principalement dans la moelle épinière, ce qui explique le symptôme principal de la maladie, l'impossibilité de se relever et les vives souffrances de l'animal.

Les vaches refusent toute nourriture, elles restent couchées et sont dans un véritable état de stupeur ; elles ne paraissent pas s'inquiéter de leur veau. Elles ont des accès de fièvre caractérisés par des alternatives de frisson et de chaleur ; le ventre est tendu, quelquefois gonflé ; le dernier intestin et le vagin plus ou moins tuméfiés font saillie au dehors. Le pis est dur et enflammé, la secrétion du lait est supprimée ou très-diminuée.

Le corps se couvre d'une sueur froide, la bouche devient froide, la langue pendante et la bête meurt après quelques convulsions, le deuxième ou le troisième jour de la maladie ; quelquefois aussi, la fièvre et l'inflammation sont moins intenses, il n'y a pas de convulsion et la guérison est prompte.

Traitement. — Il est indiqué par la cause de la maladie. Le vacher devra tenir chaudement et à l'abri des courants d'air les vaches qui demeurent immobiles à l'étable après le vêlage, surtout celles qui sont habituellement bien nourries et en bon état.

Péripneumonie. — On appelle ainsi l'inflammation du poumon et de son enveloppe. On la désigne encore sous le nom de pulmonie, pleuropulmonie épizootique, maligne, gangréneuse, contagieuse, exsudative.

Les causes de cette maladie sont bien diverses. On l'attribue à un air trop sec ou trop humide, trop chaud ou trop froid, à un excès comme à un manque de travail ; néanmoins l'excès de travail, pendant la chaleur et la sécheresse, est la cause la plus fréquente de cette maladie, ainsi que l'insalubrité des étables où l'air manque et est vicié. On a rangé aussi parmi les causes la mauvaise qualité des fourrages et des pâturages.

Le vacher soupçonnera qu'une vache est atteinte de péripneumonie quand, ne mangeant plus, elle sera prise de légers frissons, que ses poils seront hérissés le long du dos, que le mouvement des flancs sera plus prononcé et qu'elle fera entendre quelques gémissements, puis une toux sèche, profonde, rauque, devenant ensuite plus fréquente, et la respiration plus accélérée avec un pouls battant 60 à 70 pulsations par minute. Il remarquera aussi que les vaches restent debout plus que de coutume, écartant les jambes de devant pour soulager la poitrine.

Ces symptômes, se développent d'une manière plus ou moins rapide, dans l'espace de 4 jours à 3 semaines; ils s'aggravent encore et quelquefois une bête ne succombe qu'au bout de deux mois. La terminaison la plus grave est la putridité ou la gangrène; on dit alors que la péripneumonie est putride ou gangréneuse.

Traitement. — Il doit être confié à un vétérinaire. Le vacher qui aura dans son étable des bêtes atteintes de péripneumonie fera bien, pendant l'été, d'ouvrir largement les fenêtres de l'étable, afin que l'air respiré soit aussi pur que possible; il fera des frictions sur les flancs et la poitrine des vaches pour exciter la transpiration.

Quand la péripneumonie est contagieuse, elle devient un danger pour toutes les bêtes de la même étable et même de la contrée; il n'y a dans ce cas que l'inoculation qui puisse la guérir, cela est un fait incontestable aujourd'hui. C'est une raison de plus pour avoir recours au vétérinaire.

Suffocation par un corps étranger dans le gosier. — La suffocation par un corps étranger introduit dans le gosier d'une vache ou d'un bœuf est souvent due à l'incurie du vacher. Il arrive fréquemment, dit Villeroy, qu'en automne les bêtes échappent à la surveillance des gardiens et se jettent sur un tas de racines, où elles mangent d'autant plus avidement qu'elles savent que c'est pour elles du fruit défendu. Si le vacher, pour réparer sa négligence, les chasse brusquement, elles avalent précipitamment sans les avoir mâchées des pommes de terre ou autres racines, qui s'arrêtent dans le gosier et les suffoquent, et peuvent déterminer la mort.

Si le corps arrêté n'est pas trop volumineux, si la suffocation n'est pas imminente, M. Vial donne le sage conseil de laisser agir la bête qui, par ses efforts, parvient souvent à rejeter ou à faire descendre le corps dans l'estomac.

Mais, quand l'animal n'y peut réussir, il faut que le vacher vienne à son secours. À cet effet, il prend une baguette flexible, dont l'extrémité est recouverte de linge et il l'enfonce dans la bouche, puis descend jusqu'à l'œsophage en poussant le corps étranger et le fait tomber dans l'estomac.

Si la pomme de terre, le navet ou autre racine reste dans l'œsophage au niveau de l'encolure, le vacher peut la briser en la comprimant de chaque côté au moyen de deux morceaux de bois ou bien en appuyant d'un côté avec un morceau de bois et en frappant de l'autre avec un maillet.

Pissement de sang ou hématurie. — Le pissement de sang se nomme encore *mal de bois, mal de brou*, parce qu'il se montre le plus souvent sur les animaux qui paissent dans les bois au moment de la pousse des arbres et qui broutent les bourgeons et les jeunes feuilles des chênes. On l'a remarqué aussi chez les bœufs par suite d'une inflammation occassionnée par le travail quand il fait des chaleurs excessives. Il paraît que les plantes qui poussent sur un sol imperméable peuvent également le déterminer.

Les symptômes sont faciles à constater : les animaux urinent peu ; leurs urines sont d'abord épaisses, puis fortement colorées et mêlées avec du sang.

Traitement. — Le vacher doit commencer par donner des boissons rafraîchissantes, acidulées avec du petit-lait mêlé à une décotion d'oseille ; mais il convient d'appeler le vétérinaire pour qu'il établisse un traitement en rapport avec la cause qui a déterminé la maladie.

Catarrhe des cornes. — Cette maladie est encore due au manque de soin du bouvier : elle vient à la suite de l'action trop prolongée du soleil sur la tête ou par des chocs trop violents sur les cornes ; l'attelage avec le joug double, surtout quand cet instrument est mal fixé, est certainement la cause la plus fréquente de la maladie.

Cette maladie débute par une inflammation aiguë, dont le premier symptôme est ordinairement une légère hémorragie nasale qui se manifeste plusieurs jours de suite. Au bout de cinq ou six jours, l'animal cesse de ruminer, puis de manger, enfin il tient la tête basse et appuyée sur quelque objet à sa portée ; les oreilles sont pendantes, la tête est penchée d'un côté ou de l'autre, et de ce côté la corne est brûlante et l'œil presque fermé. Quand les deux cornes sont atteintes, chacune est chaude à la base, les deux yeux se ferment et la tête est seulement portée basse.

M. Sanson fait observer que, quand le catarrhe aigu des cornes est assez peu intense pour passer inaperçu, on voit au bout d'un certain temps l'animal qui en est atteint maigrir, perdre de son appétit, avoir les yeux caves et ternes, le poil piqué, la peau sèche. En liberté, il porte la tête basse. De temps en temps il lui imprime des mouvements brusques — ou bien il fait entendre une sorte d'éternument, et alors on observe l'écoulement par le nez d'une matière glaireuse dont l'odeur est repoussante. Cette matière est la preuve de l'existence d'un catarrhe chronique.

Traitement. — Le bouvier devra avoir soin de ne pas laisser trop longtemps ses bêtes exposées à l'ardeur du soleil ; il demandera à employer le joug simple à la place du joug double.

Quand la maladie est déclarée, c'est au vétérinaire à la soigner.

Maladies externes.

Engorgement du fourreau. — On nomme fourreau le repli de la peau dans lequel est logée la verge dans son état de relâchement. Les bœufs sont sujets à une tuméfaction de la partie inférieure du fourreau, entretenue par une ulcération de l'orifice du canal de l'urètre. Ce mal dure quelquefois longtemps, parce que l'urine irrite constamment la partie affectée et que souvent il s'accumule une matière glutineuse qui s'oppose à la sortie de l'urine.

Traitement. — Le bouvier doit, dans ce cas, faire usage de lotions et d'injections émollientes, et si ces remèdes ne suffisent pas, l'intervention du vétérinaire sera nécessaire.

Crevasses aux paturons. — Les crevasses aux paturons affectent surtout les bœufs ; elles sont d'une nature particulière et différentes de celles qu'on voit sur les chevaux. Voici la description qu'en donne Villeroy :

Les crevasses se manifestent par une inflammation plus ou moins superficielle de la peau du pli des paturons, ordinairement aux extrémités postérieures, avec engorgement, chaleur et douleur ; plus tard il apparaît de petites vésicules ou pustules, suintant une humeur fétide. Ces vésicules se dessèchent peu à peu et tombent sous forme de matière farineuse ; ou bien elles s'étendent, se réunissent, continuent à laisser suinter une humeur âcre et donnent lieu à une ulcération par suite de laquelle des parties de la peau se détachent, tombent par lambeaux et laissent des plaies ou ulcères plus ou moins profonds, qui quelquefois s'étendent sur toute la surface du paturon et entre les ongles. Au début du mal, les bêtes sont plus ou moins gênées dans leur marche ; elles tiennent le boulet presque constamment fléchi et ont de la peine à l'étendre. Au plus haut degré du mal, l'engorgement devient quelquefois considérable et gagne le canon, même le jarret et le genou. Alors les bêtes lèvent souvent une jambe, la tiennent haute, écartée du corps et y témoignent au moindre attouchement une grande sensibilité.

Les causes de cette maladie sont dues à la négligence des bouviers qui tiennent leur étable malpropre, pansent mal leurs bêtes, et leur font faire des marches prolongées dans des chemins boueux. L'état de débilité des animaux y contribue aussi.

Traitement. — Le propriétaire qui a un bouvier malpropre doit commencer par le renvoyer et tâcher d'en trouver un plus soigneux, qui nettoiera bien les pieds des bêtes et particulièrement les plis du paturon et l'espace compris entre les ongles. Avec un mélange d'eau tiède et d'eau de savon, il coupera le poil très-ras et placera la bête sur une litière sèche, puis il fera usage de lotions et de bains émollients, de décoction de mauve ou de son. à laquelle il ajoutera un peu d'extrait de saturne. Il continuera jusqu'à ce que l'engorgement, la tumeur et la douleur aient diminué et que de petites croûtes commencent à se former sur les pustules. Si la maladie s'aggrave, on aura recours au vétérinaire.

CREVASSES ENTRE LES ONGLES. — Quand les crevasses sont entre les ongles, les bêtes boitent, les sabots deviennent chauds et douloureux ; il apparaît ensuite un engorgement plus ou moins grand sur la partie antérieure de la couronne, à la réunion des deux sabots ou bien entre les sabots mêmes et quelquefois sur les deux parties à la fois. Sur cette tuméfaction s'élèvent des points jaunâtres d'où suinte un pus fétide et qui bientôt deviennent de petits ulcères dont la réunion forme ensuite une plaie plus ou moins grande et profonde. Quelquefois la peau entre les ongles ne présente que quelques gerçures et ne se détache que partiellement sans que les bêtes boitent beaucoup, mais il est des cas où le mal devient si intense qu'il est accompagné de fièvre ; les bêtes perdent l'appétit et dépérissent sensiblement, quelquefois même une partie des sabots se détache entièrement.

Les causes sont les mêmes que précédemment. Ajoutons-y l'humidité continuelle dans les pâturages, les causes internes générales qui constituent alors une véritable épizootie. Dans ce cas, les animaux ont ordinairement des aphthes dans la bouche.

Le traitement est le même que ci-dessus.

CREVASSES AUX JAMBES. — Les bœufs et surtout les bœufs à l'engrais, qui se trouvent tout à coup condamnés à un repos absolu dans des étables, où l'on pourrait dire que leurs pieds baignent dans l'urine et les excréments, sont aussi sujets à des crevasses qui affectent leurs jambes jusqu'au dessus des jarrets et des genoux.

Le traitement est toujours le même.

CREVASSES DU PIS. — Les trayons du pis peuvent être aussi le siége de crevasses très-douloureuses, mais sans danger; elles sont longues à guérir, parce qu'elles sont chaque jour rouvertes lorsqu'on trait les vaches. Le vacher arrivera néanmoins à les guérir en graissant le pis avec du saindoux ou du cérat composé d'huile et de cire jaune.

DARTRES. — Les dartres constituent une maladie de peau dont l'un des symptômes prédominants est une démangeaison. Un bœuf ou une vache atteint de dartre se gratte fortement avec sa corne ; il appuie l'endroit où est le mal contre un corps solide et se frotte jusqu'à ce que la cuisson succède à la démangeaison.

En écartant le poil de la partie affectée, on découvre une multitude de petites pustules presque imperceptibles : il s'agit d'une dartre farineuse; et l'on voit une tumeur brûlante formée de petites pustules réunies et enflammées si c'est une dartre vive. Dans le premier cas, tout le poil tombe peu à peu et la peau se couvre d'écailles qui se dissipent sous la forme d'une poudre blanchâtre. Dans le second, il s'écoule de l'ulcère une matière caustique qui se durcit et forme une croûte qui, après un temps plus ou moins long, se lève et tombe.

Cette maladie influe sur la santé des animaux; les jeunes sont moins bien venants, les plus âgés s'entretiennent moins bien et ne s'engraissent pas facilement.

Avant d'employer tout traitement, le vacher ou le bouvier doit mettre l'animal atteint de dartre à la paille et au son mouillé pour nourriture, en y ajoutant de la fleur de soufre, 80 grammes par jour. On emploiera également à l'intérieur l'eau de savon et les lotions émollientes ; les bains de rivière sont très-bons. On graisse les parties malades avec une pommade composée de fleur de soufre, 15 grammes ; sulfate de zinc, 15 grammes ; graisse de porc, 60 grammes.

FRACTURES DES CORNES. — La fracture des cornes est complète ou incomplète ; dans les deux cas, le vacher peut soigner l'animal blessé. Il devra d'abord arrêter l'hémorragie en couvrant la plaie de compresses imbibées de vinaigre, qu'on aura soin d'humecter jusqu'à ce que l'écoulement du sang ait cessé. Quelquefois il est nécessaire de cautériser la plaie avec le fer rouge ; alors c'est au vétérinaire d'intervenir.

MALADIES DES PIEDS. — Il y a encore beaucoup d'autres maladies qui peuvent siéger aux pieds des bestiaux, mais le premier symptôme de toutes ces maladies est la boiterie.

Presque toujours la cause de la boiterie est dans le pied : le bœuf boite parce qu'il s'encloue ou parce qu'un corps étranger lui est entré dans le pied. Dès que le bouvier s'aperçoit de la boiterie, il doit examiner si le mal est apparent ou non ; il explore la jambe depuis la pointe de l'épaule jusque sur le sabot si l'animal boite de devant ; s'il boite de derrière, il passe doucement la main depuis le haut de la cuisse jusqu'en bas, pour trouver le point douloureux.

Si le bouvier n'a pu rencontrer ce point, il saisit le

pied, le nettoie et l'examine, et dès qu'il aperçoit le corps étranger, il l'enlève. Puis il verse dans la plaie un peu d'essence de térébenthine et il couvre le tout avec de l'étoupe. Si le corps étranger est déjà depuis quelque temps dans le pied et qu'il se soit formé un abcès, il faudra l'ouvrir, mais il sera prudent dans ce cas d'appeler le vétérinaire.

FIN.

TABLE DES MATIÈRES

Coulommiers. — Typ. A. MOUSSIN.